西安石油大学优秀学术著作出版基金资助

鄂尔多斯盆地陕北地区
低渗透砂岩储层特征及油藏富集规律

马 瑶　李文厚　著

中国石化出版社
HTTP://WWW.SINOPEC-PRESS.COM

内 容 提 要

　　本书结合沉积微相预测技术、储层精细表征技术及油藏描述技术，系统地开展了针对鄂尔多斯盆地陕北地区低渗透砂岩储层物源、沉积相、砂体展布及沉积演化的探讨，并进行了储层基本特征描述，分析了储层岩石学、成岩作用和微观孔隙结构特征，以及储层纵、横向非均质性特征及控制因素，开展了储层综合评价，并进行了油藏特征分析及典型油藏解剖。在此基础上，总结了油水分布规律，油藏控制因素，以及油藏富集规律。

图书在版编目（CIP）数据

鄂尔多斯盆地陕北地区低渗透砂岩储层特征
及油藏富集规律/马瑶，李文厚著.
—北京：中国石化出版社，2018.10
ISBN 978 - 7 - 5114 - 5068 - 5

Ⅰ.①鄂…　Ⅱ.①马…②李…　Ⅲ.①鄂尔多斯盆地-
低渗透油层-砂岩油气田-储集层-研究 ②鄂尔多斯盆地-
油藏-分布规律-研究　Ⅳ.①P618.130.2

中国版本图书馆 CIP 数据核字（2018）第 233482 号

中国石化出版社出版发行
地址：北京市朝阳区吉市口路 9 号
邮编：100020　电话：(010)59964500
发行部电话：(010)59964526
http://www. sinopec-press. com
E-mail：press@ sinopec. com
北京富泰印刷有限责任公司印刷
全国各地新华书店经销
＊
710×1000 毫米 16 开本 11 印张 210 千字
2018 年 10 月第 1 版　2018 年 10 月第 1 次印刷
定价：52.00 元

前　　言

　　鄂尔多斯盆地是中国陆上第二大沉积盆地，油、气、煤、铀资源含量丰富，是国内重要的能源基地。中生界三叠系延长组为鄂尔多斯盆地主要的产油层位。延长组储集层大部分属于低渗透、致密储层，低渗透、致密储层中的石油探明储量占总探明储量的73.7%。其中低渗透储层具有岩性细、物性差、渗流阻力大、非均质强、微裂缝发育、储层分布较稳定等特点。近年来，随着石油勘探程度加深、地质认识提高，低渗透、特低渗透油藏勘探开发程度不断进步，鄂尔多斯盆地的石油探明储量和产量呈现出快速增长之势。

　　陕北地区位于鄂尔多斯盆地伊陕斜坡中部，构造十分平缓，晚三叠世延长期发育大规模三角洲沉积体系。该区在长6油层首先获得高产工业油流，拉开了该区延长组石油勘探的序幕。近年来，随着理论体系的完善和勘探开发技术的提高，对盆地内地质条件有所重新认识，建立了"湖相优质烃源岩生烃、湖盆中部成藏模式、多层系石油富集规律、大型三角洲沉积模式、非常规油藏赋存特征"等优秀地质理论认识。勘探领域从三角洲拓展至深湖沉积，勘探目的层不仅局限于延长组中上部，而是发展到延长组下部长9和长10油层组，突破了以往认为湖盆中部砂体不发育、储层条件差和含油差的认识，勘探类型拓宽至超低渗、致密油等非常规油藏。随着在高52井、王519等钻井长9油层组中获得工业油流，显示了陕北地区三叠系延长组长9油层组的巨大勘探评价潜力。

　　本书以鄂尔多斯盆地陕北地区为研究目标，重点针对中生界三叠系延长组长9低渗透砂岩储层及油藏进行研究。在区域地质背景分析的基础上，通过野外露头、钻井岩心的观察描述，结合大量钻测井资料及多类分析化验资料，对研究区开展地层划分与对比工作；系统分析了物源特点；开展沉积相类型及展布特征研究，分析了沉积相控制范围内的储集砂体发育特征及展布规律；对储层岩石学、物性等储层基本特征、微观孔隙结构特征、成岩作用与成岩相、微观渗流特征等储层特征展开了系统研究，总结影响储层物性的主要原因，明确相对高渗储层的发育机理，并对储层进行综合分类评价；在分析研究区烃源岩特征、疏导体系、圈闭类型等成藏基本要素的基础上，研究油藏富集规律，明确油藏控制因素，总结长9油藏成藏模式。

本书是笔者及其科研团队多年来对鄂尔多斯盆地陕北地区油气勘探研究成果的概况和总结，是团队努力和智慧的结晶。参与团队主要研究工作的成员有：马瑶、李文厚、郭艳琴、袁珍、杨博、许星、闻金华、王妍等。全书共分十章：其中前言至第二章、第四章至第十章由马瑶撰写，第三章由李文厚撰写。在全书的编写过程中，中国石油天然气股份有限公司长庆油田分公司和延长石油集团的各位同仁给予了很多的帮助和指导，在此表示衷心的感谢！此外，本书引用了众多前人的资料，有些资料无法查明原始作者，无法逐一标明引用出处，在此对他们一并表示衷心感谢！

本书在出版过程中受到了国家自然科学青年基金项目（项目编号：41702117）、国家自然科学重点基金项目（项目编号：41330315）、中国地质调查局矿产资源调查评价项目：鄂尔多斯周缘盆地群油气基础地质调查（项目编号：121201011000150014）等的资助。

笔者尽最大努力开展撰写工作，但由于经验有限，书中可能存在不妥之处，欢迎读者批评指正。

目　　录

第一章　鄂尔多斯盆地地质概况

鄂尔多斯盆地位于中国大陆中西部，东经 106°20′ ~ 110°30′，北纬 35° ~ 40°30′，是我国陆上第二大沉积盆地和重要的能源基地。北跨乌兰格尔基岩凸起，与河套盆地为邻；南越渭北挠褶带，与渭河盆地相望；东接晋西挠褶带，与吕梁隆起呼应；西经冲断构造带，与六盘山、银川盆地对峙。轮廓呈矩形，面积 $25 \times 10^4 km^2$。鄂尔多斯盆地原本属于大华北盆地的一部分，中生代后期逐渐与华北盆地分离，并演化为一大型内陆盆地。

现今的鄂尔多斯盆地构造形态总体显示为一东翼陡窄的不对称大向斜的南北向矩形盆地。盆地边缘断裂褶皱较发育，而盆地内部构造相对简单，地层平缓，坡度一般不足 1°。盆地内无二级构造，三级构造以鼻状褶曲为主，很少见幅度较大、圈闭较好的背斜构造发育。根据盆地现今构造形态、基底性质及构造特征，鄂尔多斯盆地可划分为伊盟隆起、渭北隆起、晋西挠褶带、陕北斜坡、天环拗陷及西缘冲断构造带 6 个一级构造单元。

陕北地区位于陕西省北部，涵盖榆林市定边县、靖边县及延安市安塞区、吴起县、志丹县等多个市、县行政区，面积约 $2 \times 10^4 km^2$。其构造区域位于陕北斜坡的中西部地区（图 1 - 1）。

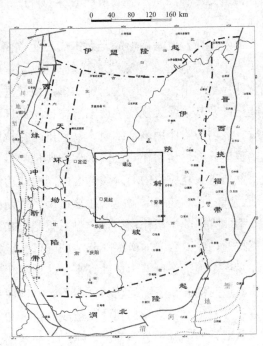

图 1 - 1　鄂尔多斯盆地构造区划分及陕北地区位置图

第一节 古构造特征及区域构造演化

1. 古构造特征

地史某一时期的古构造面貌是根据相应时期沉积物的厚度进行研究的。古构造形态对沉积物的厚度分布具有控制作用，假定整个沉积过程是一个填平补齐的过程，到沉积末期，沉积物顶面基本为一水平等时面。该时期沉积物的厚度变化可近似反映当时的构造面貌。这种假设建立在沉积物没有被剥蚀的前提之下，且在这种情况下可将其等厚线作为等深线看待。严格来讲，未被侵蚀的情况是不存在的，但只要剥蚀的厚度小于底床构造的幅度，并结合当时构造运动、岩浆活动、构造变形和变质及应力系统的不同特征，仍能近似反映地质历史时期的古构造面貌。

鄂尔多斯盆地基底形成于太古代—元古代，其间经历了迁西、阜平、五台及吕梁—中条构造运动，发生了复杂的变质、变形及混合岩化作用。中、晚元古代，即吕梁—中条运动之后，鄂尔多斯地区进入大陆裂谷发育阶段，主要表现为古陆内部及其边缘大规模的裂陷解体，从此区内进入稳定盖层沉积阶段。晋宁运动后，区内裂陷作用基本结束，盆地进入克拉通拗陷与边缘沉降阶段，表现为稳定的整体升降运动，在陆块内部形成典型的克拉通拗陷。晚古生代—早、中三叠世，盆地进入克拉通内坳阶段，区内南、北边缘表现为进一步俯冲，并产生了弧—陆、陆—弧、陆—陆碰撞和碰撞造山，后期由于南、北边缘的俯冲和碰撞造山以及南北方向的挤压作用，导致自二叠纪以来形成统一的克拉通坳陷，同时强化了克拉通内东、西向的次级隆起、凹陷以及定边—吴堡区域东、西向构造带的形成和发展。晚三叠世燕山运动以来，盆地演化进入了大型内陆差异沉降盆地的形成和发展时期。在燕山运动的影响下，盆地周缘形成强烈的褶皱冲断和逆冲推覆构造，并发生掀斜抬升和剥蚀，造成微角度和角度不整合，在盆地内造成了三叠系与侏罗系的区域平行不整合。燕山运动晚期，鄂尔多斯地区由长期的沉降转为逐渐抬升，并进入断陷发展阶段。纵观盆地的演化过程，可以看出盆地是由吕梁期形成的统一固化结晶基底，以及古代和古元古代变质岩与中、新元古代以后形成的盖层沉积构成，具有明显的二元结构。因此，它属于克拉通边缘拗陷盆地。另外，中生代后期，因其在西部边缘相邻褶皱带一侧广泛发育逆冲断层并伴有褶皱，成为较窄的陡翼，显示出不对称性，故而也有部分学者认为鄂尔多斯盆地属于前陆盆地。无论怎样，该盆地都是一个中新生代盆地叠加在古生代盆地之上的叠合盆地。

2. 区域构造演化

鄂尔多斯盆地处于我国沉积盆地分布的中带，兼受其东滨太平洋构造域和其西南特提斯—喜马拉雅构造域地壳运动的影响，是一个稳定沉降、坳陷迁移的多旋回克拉通叠加盆地。鄂尔多斯盆地地质构造性质以其稳定而闻名，并以整体上升、持续沉降、坡度宽而平缓为特点。可将鄂尔多斯盆地的地质构造演化过程划分为以下几个构造演化阶段。

1）基底形成阶段（太古代—早元古代）

鄂尔多斯盆地的基底属于华北地台的组成部分，这一变质基底是早元古代末期固结的。鄂尔多斯盆地偏北部分基底的时代相对更为古老，从其北侧的阴山地区及其西侧的贺兰山地区出露的片麻岩类的年龄值推断，盆地最老的基底约为20亿~25亿年。王鸿祯将此区域划分为华北地台基底中最古老的陆核区之一。

2）坳拉谷阶段（中晚元古代）

中晚元古代，古中国陆块处于拼接稳定初期，吕梁—中条运动之后，鄂尔多斯地区的构造发展进入了新的阶段，由地壳热点所控制的秦祁大陆裂谷应运而生，在一系列三联点的作用下，产生了一系列由秦祁裂谷向华北古陆块楔入的陆内裂谷且在发展中夭折，导致非造山岩浆运动和似盖层性质的稳定型沉积建造形成。区内主要有贺兰坳拉谷与秦晋坳拉谷，它们分别以近南北向和北东向插入古陆内部，并具有向北和北东方向收敛，向南及西南方向敞开的楔形轮廓。

总之，中晚元古代（即长城—蓟县期）是坳拉谷发育期，这些坳拉谷经历了初始裂开、主体断陷和后期坳陷3个发育阶段，相应的建造类型有陆相火山岩—碎屑岩建造，巨厚的河流—浅海碎屑岩建造及后期广覆碳酸盐岩建造。鄂尔多斯盆地正是在贺兰、秦晋两个坳拉谷夹持的背景下发展演化的。经过晋宁运动，上述大陆裂谷关闭，形成统一的中国地台，这一构造层也是鄂尔多斯盆地的基础。

3）浅海台地阶段（早古生代）

早古生代时期，即晋宁运动后，鄂尔多斯盆地表现为稳定的整体升降运动，在陆块内部形成典型的克拉通坳陷。在此阶段内，鄂尔多斯地区南北为加里东地槽所控制，东西为残存的坳拉谷所夹持，形成北高南低、中间高东西两侧低的古地貌背景。早古生代构造格局的总体特点是基本继承了中、晚元古代的构造格局,同时也有新构造的产生,即在两期隆起复合部位仍保持隆起状态,在隆起与凹陷的复合部位形成鞍部,在两期凹陷的复合部位依然保持为凹陷状态。

4) 滨海平原阶段(晚古生代—中三叠世)

杨俊杰、裴锡古等认为,晚古生代时,鄂尔多斯地区进一步与华北地块统一发展,仅其西南隅濒临古特提斯海域,在麟游的二叠系见有多层海相夹层,厚度为50m。在此阶段内,鄂尔多斯地区在阴山火山弧向南俯冲、秦岭火山弧向北俯冲的作用下,其北缘及南缘相对仰冲而隆升;而贺兰坳拉谷于晚石炭世再度拉开,较早地接受沉积,形成上古生界区域性沉降带。晚石炭世,西部形成了与古特提斯连通的南北向海湾,东部为华北克拉通凹陷相通的潮坪。早二叠世进一步海侵,导致沉积范围扩大,西侧的祁连海向中部古隆起东超,东侧的华北海向中部古隆起西超,最终汇聚。早二叠世晚期盆地上升为陆,揭开了陆相沉积的序幕。早二叠世晚期,海水逐渐退出盆地,盆地内部沉降幅度一致,从早二叠世晚期开始,盆地进入全面陆相沉积阶段。

5) 内陆盆地阶段(晚三叠世—早白垩世)

三叠纪早、中期,由于扬子板块向北俯冲,北秦岭海槽于晚三叠世全部消减,只残存西秦岭海槽。这也说明,扬子、华北板块碰撞并合是自东向西分期进行的。当时,大华北盆地的轮廓已经很清晰,北为燕山,南为秦岭,东为胶辽古陆,西为古贺兰山和祁连山,总范围达 $70 \times 10^4 km^2$。其中,刘家沟组、和尚沟组为河湖砂泥质沉积,厚度为 $300 \sim 600m$,北部较厚,南部较薄,呈箕状;中期为纸坊组、铜川组的河湖碎屑沉积,其南部可见煤与油页岩及火山碎屑岩夹层,总厚度达 1000m。三叠纪晚期,大华北盆地开始向西萎缩成晋陕盆地,范围包括山西地块太原以南及河南郑州以西地区,东邻华北高地,南接古秦岭,西隔古六盘山、古贺兰山,北望银山高地;盆地内沉积以河湖相为主,而六盘山东侧则发育厚达 2000m 的洪积砂、砾岩。鄂尔多斯地区虽然貌似晋陕盆地的主体,但本质上只能算是其一个坳陷而已。

从晚三叠世以来,盆地演化进入了大型内陆差异沉降盆地的形成和发展时期。三叠纪末期印支运动和随后的早期燕山运动使盆地一度整体抬升,并遭受剥蚀及变形。到早侏罗世早期转为沉降,早侏罗世中期继续沉降,中侏罗世后的燕山运动又使盆地开始抬升,仅盆地西南部具有晚侏罗世沉积。

直至早白垩世初期盆地东缘上升为山,南缘及西缘也再度上升,形成四周升起、封闭统一的盆地。在此期间,盆地地层变形基本定型,内部6个主要构造单元形成，盆地东倾单斜转化为西倾单斜，并在单斜背景上叠加了一些近东西向延伸的小鼻隆，形成了现今盆地西深东浅、南低北高的格局，此时陕北斜坡渐具规模且占据盆地中部广大地区。

6）断陷阶段（新生代）

燕山后期和喜马拉雅期运动使盆地抬升，导致古近纪（渐新世）在盆地西部天环坳陷北部有一些盐湖、河流沉积；渐新世以后，受喜山Ⅰ幕的影响，盆地全面上升，局部有上新世三趾马红土沉积，第四纪形成黄土沉积。在此期间，盆地内部地层变形和主要的6个一级单元及次级构造得到加强并定型。

第二节　陕北地区构造特征

鄂尔多斯盆地的构造属性是其地壳基底克拉通本质所决定的，地层以整体升降、平起平落、地层水平、少见背斜、沉积盖层薄、岩浆活动弱为特点。陕北地区位于伊陕斜坡中西部，该斜坡是由一个由东向西倾斜的大型平缓单斜，倾角仅为1°～0.5°。斜坡带上发育一系列西倾的低幅度鼻状隆起构造，规模大小不一，隆起轴长2～10km，轴宽0.5～3.5km，两翼倾角0.2°～1.2°，隆起幅度2～10m。

伊陕斜坡主要形成于早白垩系，形成了陕北地区三叠系以及侏罗系的重要构造背景。从陕北地区长9油层组顶面构造图中可见（图1-2），陕北地区的构造继承了区域构造的特征，总的构造格局表现为由东向西倾斜的大型平缓单斜，但是倾角较小。在局部区域由于差异压实作用形成的小型鼻状构造，鼻状隆起的幅度不大，仅在陕北地区西南处，即吴起地区的鼻状隆起幅度较大。鼻状隆起的走势变化不大，一般为东西向。仅在陕北地区东南部走势稍有变化，表现为北东—南

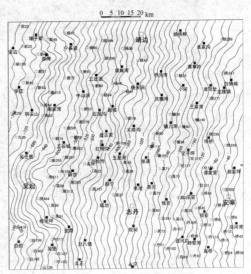

图1-2　陕北地区延长组长9油层组顶构造图

西向。从全区鼻状隆起的幅度及展布情况看，陕北地区受构造运动影响较小。

第三节 延长期沉积演化特征

印支运动对于鄂尔多斯盆地演化史而言是一场重大变革。受印支期构造运动的影响，自纸坊组沉积后，于晚三叠世延长期完成了华北克拉通坳陷盆地向鄂尔多斯盆地的转变，完成了海相、海陆过渡相到陆相的变化。延长组是在鄂尔多斯盆地持续沉降、演化过程中沉积的一套陆源碎屑岩沉积建造，主要发育冲积扇沉积体系、河流沉积体系、湖泊沉积体系、扇三角洲沉积体系、辫状河三角洲沉积体系以及曲流河三角洲沉积体系。延长组的沉积基本继承纸坊组东北高、西南低的不对称坳陷特征。

自三叠系延长组早期沉积开始，鄂尔多斯盆地发生分异现象：盆地南部抬升，并不断向盆地内倾斜，使得盆地东南部在三叠世早期已形成的坳陷范围变大。盆地内形成一个类似"哑铃"状向东南开口的坳陷，该坳陷位于延安—韩城一带的东南向开口于华北盆地相连接，整体上呈北翼宽缓、西南翼较陡的形状（图1-3）。在盆地大型湖盆东南部发育以湖泊相、三角洲相为主的沉积体系。

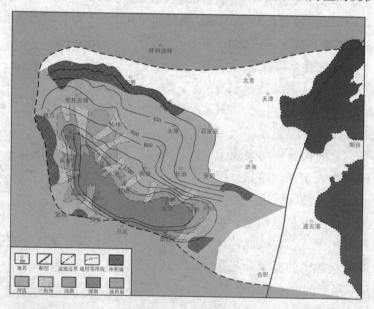

图1-3 华北地台晚三叠世中期原型盆地

鄂尔多斯盆地从延长期长10期开始发育形成，围绕湖盆中心，发育系列三角洲沉积，主要发育浅湖沉积和三角洲沉积。浅湖区主要分布于定边—华池—合

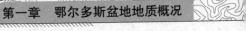

水—正宁—黄龙—黄陵—富县—甘泉—志丹—吴起所圈定的范围内。

进入长 9 期，盆地边缘断裂活动增强，湖盆快速下沉，湖盆面积增加，湖岸线沿湖盆中心向外围推进。盆地东北部和东部发育系列的曲流河三角洲沉积，如安边三角洲、靖边三角洲、安塞三角洲和延安三角洲等。

至长 8 期，盆地基底仍然为沉降过程，属于湖盆发展阶段，沿湖岸线发育系列三角洲沉积，三角洲沉积与长 9 期相比具有继承性。东北部分别为靖边—吴起三角洲、安塞三角洲，东部为延长三角洲、宜川三角洲。

长 7 期盆底随基底沉降剧烈，湖盆发育至全盛期，湖盆分布范围达到整个延长期最大面积，深湖区范围增加，水深最大可达 60m，沉积一套厚度可观的泥页岩。该套泥页岩为延长组最主要的烃源岩层系。湖盆扩大的同时，三角洲沉积发生萎缩，在盆地东部发育安塞三角洲、延川三角洲等系列三角洲沉积，开始发育浊流沉积。

进入长 6 期，盆地沉降速率减缓，沉积速率超过沉降速率，沉积作用明显。湖盆进入萎缩阶段，深湖区范围缩减，湖盆正式开始了充填、萎缩至消亡的阶段。各类三角洲沉积快速发育，并具有一定规模，形成大规模的三角洲裙，浊流沉积发育。东北部、北部物源增强，沉积作用明显加强。

长 4+5 期整体沉积格局大致与长 6 期相似，主要区别表现为湖泊整体向东北方向迁移，湖岸线整体北移，深湖区继续向湖盆中心缩小。沉积作用较长 6 期减弱，物源供应有限，三角洲沉积建造速率变缓，沼泽化和平原化作用加强。在盆地的西北部和东部，三角洲平原化、沼泽化明显，这套漫滩沼泽沉积成为盆地内区域性规模的良好盖层。

长 3 期盆地断裂构造活动减弱，湖盆开始逐步萎缩走向消亡。沉积速率大于沉降速率，沉积作用占主导地位，发展三角洲沉积建设，并向湖盆中心推进，湖盆大范围减小。

长 2 期由于盆地的整体抬升，剥蚀现象明显。湖盆持续萎缩，全盆不发育深湖区，浅湖范围也十分有限，湖盆濒临消亡。东北部三角洲连片状分布，厚度规模大，与西南三角洲连接。安边—安塞—延长一线曲流河沉积发育巨厚层状长石砂岩，几乎不发育泥质沉积，其他区域发育冲积平原沉积。

至长 1 期，秦岭掀斜式上升，盆地南部抬升，湖盆缩减加快。沉积作用加强，河流和三角洲平原沉积发育，整个盆地全面平原化、沼泽化，可见薄煤层或煤线广泛发育。至此，鄂尔多斯盆地延长组的沉积时期结束。

第二章 地层划分及特征

鄂尔多斯盆地为多期盆地叠加而成的叠合性盆地,沉积有中上元古界、古生界、中生代、新生代等多套地层。其中,中生代晚三叠世发育沉积体系完整,地层露头保存良好,是陆相碎屑岩沉积的典型地区。

第一节 鄂尔多斯盆地延长组地层划分

鄂尔多斯盆地晚三叠世延长组经历了湖泊产生、发展、消亡的完整过程。沿用传统的地矿系统划分方案,按照沉积旋回将三叠系延长组地层自下而上划分为 5 段,即 T_3y_1、T_3y_2、T_3y_3、T_3y_4、T_3y_5,分别对应延长组湖泊形成、发展、稳定、萎缩和消亡的 5 个阶段,在实际的生产活动中,长庆油田等根据勘探的需要,进一步细分为 10 个油层组(表 2 - 1)。各段及各油层组特点如下所述。

延长组大约以北纬 38°为界,"北粗南细,北薄南厚",北部厚约 100～600m,南部厚约 1000～1300m,边缘沉降坳陷最大厚度为 3200m。地层特征及岩性特征如下所述。

1. 延长组第一段 (T_3y_1)

延长组第一段(T_3y_1)厚度比较稳定,一般为 250～300m,相当于长 10 油层组,主要为灰绿色细粒长石砂岩、中粒长石砂岩的不等厚互层夹浅灰色长石粗砂岩及深灰色、暗紫色泥岩。砂岩由上而下变粗,并见麻斑状结构,云母、绿泥石、沸石和方解石胶结。总的来说,T_3y_1 以河流、三角洲及部分浅湖相沉积为主,以厚层、块状细至粗粒长石砂岩为主,"南厚北薄(直至缺失),南细北粗"。视电阻率曲线一般呈指状高阻,自然电位大段偏负。该段岩性和电性特征明显,是井下地层对比划分的重要标志层之一。

表 2 - 1　鄂尔多斯盆地延长组地层划分及主要标志层

系	统	组	段	油层组	厚度/m	岩性特征	标志层 名称	标志层 位置
侏罗系	下统		富县组		0~150	厚层块状砂砾岩夹紫红色泥岩，或两者成相变关系		
三叠系	上统	延长组	第五段 (T_3y_5)	长1油层组	20~90	瓦窑堡煤系灰绿色泥岩夹粉细砂岩，炭质页岩及煤层	K_9	底
			第四段 (T_3y_4)	长2油层组	20~170	灰绿色块状中、细砂岩夹灰色泥岩	K_8	底
						浅灰色中、细砂岩夹灰色泥岩		
						灰色、浅灰色中、细砂岩夹暗色泥岩		
				长3油层组	20~160	浅灰色、灰褐色细砂岩夹暗色泥岩	K_7 K_6	上 底
			第三段 (T_3y_3)	长4+5油层组	45~110	暗色泥岩、炭质泥岩、煤线夹薄层粉—细砂岩	K_5	中
						浅灰色粉、细砂岩与暗色泥岩互层		
				长6油层组	50~145	绿灰色、灰绿色细砂岩夹暗色泥岩	K_4	顶
						浅灰绿色粉—细砂岩夹暗色泥岩	K_3	底
						灰黑色泥岩、泥质粉砂岩、粉—细砂岩互层夹薄层凝灰岩	K_2	底
				长7油层组	80~120	暗色泥岩、油页岩夹薄层粉—细砂岩	K_1	中下
			第二段 (T_3y_2)	长8油层组	45~120	暗色泥岩、砂质泥岩夹灰色粉—细砂岩		
				长9油层组	90~120	暗色泥岩、页岩夹灰色粉—细砂岩	K_0	顶部
			第一段 (T_3y_1)	长10油层组	280	肉红色、灰绿色长石砂岩夹粉砂质泥岩，具有麻斑构造		
	中统		纸坊组		300~350	上部为灰绿色、棕紫色泥质岩夹砂岩，下部为灰绿色砂岩、砂砾岩		

2. 延长组第二段（T_3y_2）

延长组第二段（T_3y_2）厚度一般在 200～250m，相当于长 9 和长 8 油层组。该段与 T_3y_1 比较，沉积范围大幅度扩展，总的特点是"北东粗、薄（以至尖灭），西南细、厚"，是一套以湖相为主的深灰色、黑色泥页岩夹少量砂岩沉积。上部相对较粗，以砂岩为主，下部相对较细，以泥、页岩为主，在灵武、盐池、吴旗、直罗、富县地区可相变为油页岩，在庆阳、镇原和固城川地区为碳质泥岩，这些黑色页岩及油页岩在电性上表现为高阻。盆地北部及南部周边地区黑页岩或油页岩为砂质页岩、泥质粉砂岩所代替，电性高阻层消失。

该段为延长组重要生油层之一。将其中下部泥页岩段划为长 9 油层组，上部砂岩相对集中段划为长 8 油层组。该段在岩矿组合上是区域对比的标志层，自长 9 油层组下部开始出现高绿帘石、高榍石组合段，至长 8 油层组出现了含喷发岩碎屑的高石榴子石段，特征明显而突出，是区域微观对比的主要依据。

3. 延长组第三段（T_3y_3）

延长组第三段（T_3y_3）厚度一般为 300m 左右，相当于长 7、长 6 和长 4 + 5 油层组。盆地广大地区均有出露和保存，仍然表现为"南厚北薄，南细北粗"，是一套砂泥岩互层。岩性为深灰色、灰黑色泥、页岩与灰色、灰绿色粉砂岩、细砂岩互层，下部发育一套油页岩、泥岩夹薄层凝灰岩。在盆地西部、南部主要为泥岩、页岩及碳质泥岩，凝灰质比较少。同 T_3y_2 的下高阻层一样，该段下部的油页岩、碳质泥岩段具有高阻、高自然伽马的特征，俗称"张家滩页岩"，它是区域对比的标志层。砂岩主要集中于中部，含黄铁矿，并常见方鳞鱼等化石。

4. 延长组第四段（T_3y_4）

延长组第四段（T_3y_4）厚度一般约为 250～300m，相当于长 3 和长 2 油层组。除在盆地南部边缘及西南部遭受剥蚀或缺失外，全盆地均有出露和保存。该段岩性较单一，全盆地基本一致，主要为浅灰色、灰绿色中—细粒砂岩夹灰黑色、深灰色、灰色粉砂质泥岩、泥岩、页岩，砂岩呈巨厚块状，具微细层理，泥质、钙质胶结。该段仍然是"北粗南细"，华池—庆阳一带沉积最细，夹层增多。上部砂岩集中段粒度相对较粗，通常划分为长 2 油层组，下部砂岩集中段粒度相对较细，通常划分为长 3 油层组。该段电性特征明显，自然电位偏负呈箱状或指状，视电阻率呈稀齿状。

5. 延长组第五段（T₃y₅）

延长组第五段（T_3y_5）相当于长1油层组，由于遭受后期剥蚀，延长组第五段在盆地北、西、南部均遭到程度不同的侵蚀，尤以盆地南部为最甚，在马坊—姬塬—庆阳—正宁—马栏一线以西全部侵蚀，庆阳—华池仅在"残丘"上有所保存，盆地东部清涧河、大理河保存最全，可细分为4个段：下部为含煤的砂泥岩构成的韵律层，富含植物化石，厚117m；中部为湖相浅灰色中厚层粉—细砂岩与深灰色粉砂质泥页岩互层，夹薄煤层及泥灰岩，常含瓣鳃类、叶肢介、介形虫、鱼鳞等动物化石，厚99m；上部为浅灰色块状长石砂岩与含可采煤层的黑灰—灰绿色粉砂质泥岩、泥质粉砂岩夹灰色粉细砂岩，厚82m；顶部为深湖相砂岩、页岩互层夹油页岩，可见鱼类、小瓣鳃、螺及特有水生节肢动物化石，厚80m。下部砂岩较集中部位常含油，在直罗、城华地区含油较好，砂岩部分自然电位偏负，厚层者呈箱状，薄层者呈梳状，视电阻率呈幅度不大的锯齿状。在盆地南部残存厚度一般为20～230m，南缘及西南部缺失无存。

第二节　地层划分的思路及方法

在划分长9油层组及其内部小层时，充分采用长庆油田及周缘油田的资料并结合周边油田生产的实际，尽量将一些新的理论、方法融入成果中。以层序地层学、沉积学理论为指导，针对陕北地区实际地质条件，以解决问题为原则，广泛、恰当地应用多种地层研究方法，从而为沉积微相研究提供翔实、可靠的基础资料。

1）地层划分思路

首先要了解跨系的区域构造、沉积演化规律，掌握陕北地区及其邻区延长期前后的构造变动和古地貌特征，以及测井曲线的识别标准，并进行客观解释，在此基础上，寻找、建立地层对比的综合标志，确定这些标志层的适用范围。在地层对比过程中，从点到线，从线到面"三位一体"对比，从标志显著的点开始，由粗到细层层深入，由近向远逐渐展开。垂向分层时密切注意岩层的穿时特征，横向对比时要注意识别等时地层界面。

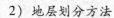

2）地层划分方法

以综合测井和录井的直井资料为基础，选取标准井，建立骨干剖面，其划分原则为先寻找区域标志层，再寻找辅助标志层，先对大段，再对小段，旋回控制，并结合等高程、相变、侧向连续和下切砂体对比法等。在砂层组及小层对比过程中，突出了沉积旋回及岩性变化规律的应用。其中，用声波时差、自然伽马划分大层，用自然电位、微电极、自然伽马和感应测线划分小层。总的来说，采用了标志层控制、旋回划分、连井对比、厚度复核的划分对比方法。具体的工作方法为：①全面了解和掌握区域沉积背景以及地层特征；②确定地层划分、对比方案；③确定地层划分、对比标志；④掌握高分辨率层序地层学特征；⑤选择建立标准井；⑥布置、编制骨干剖面图；⑦单井细分层；⑧统计、整理分层数据。

第三节　标志层及其特征

鄂尔多斯盆地延长组发育了 10 个标志层，主要为分布范围广，厚度小，岩性、电性特征明显的斑脱岩、炭质泥岩及油页岩等，自下而上分别为 $K_0 \sim K_9$。

K_0，又称李家畔页岩，位于距长 9 顶部，主要为暗色泥岩、页岩夹灰色粉—细砂岩，具有高阻、高伽马、自然电位偏正的特点，在盆地东北部因含凝灰岩而具有低阻、高伽马、自然电位偏正的特点。K_0 分布较为广泛，旬邑、宜君、黄陵、富县等地区沉积较厚。

K_1，又称张家滩页岩，在盆地范围内广泛分布，在盆地南部分布稳定，位于长 7 中下部，主要为黑色泥岩、黑色泥岩、页岩、碳质泥岩、凝灰质泥岩，有的地方为油页岩。其电性特征表现为高声速时差、高伽马、高电阻率、自然电位偏正。

K_2，位于长 6_3 底界处，为灰黑色泥岩、碳质泥岩、粉砂质泥岩，局部可见凝灰岩，出现 3~4 个厚度小于 1m，电性呈高声速、高伽马、低电阻、低密度、低感应、尖刀状井径特征的薄层带。

K_3，位于长 6_2 底界处，为灰黄色凝灰岩，高声速、高伽马、低电阻、低密度，厚度小于 0.5~1m。

K_4，为长 6 和长 4+5 的分层标志，为黑色泥岩、页岩，高声速、高伽马、高电位、较低电阻、低密度，位于距长 6 顶 3~10m 处。

K_5，位于长 4+5 中部，为黑色泥岩、页岩，高声速、高伽马、高电位、较低电阻、低密度及尖刀状扩径。

K_6，位于长3底部，为暗色泥岩与凝灰岩，高声速、高伽马、高电位、较低电阻、低密度及尖刀状扩径。

K_7，位于距长3顶3~5m处，为暗色泥岩与凝灰岩，高声速、高伽马、高电位、较低电阻、低密度及尖刀状扩径。

K_8，为碳质泥岩、凝灰岩互层，高声速、高伽马、高电位、较低电阻、低密度及尖刀状扩径，位于距长2_2顶3~5m处。

K_9，为黑色泥岩，位于距长1底0~5m处，为页岩、碳质泥岩、煤线夹凝灰岩，该段泥岩的电阻整体较高，只是在底部因凝灰质含量较高而引起电阻值变低；还保持高声速、高伽马、自然电位偏正等特点。

通过对测井资料的对比，可以确定出陕北地区长9油层组的一个主要标志层：长9顶部的李家畔页岩，即K_0标志层以及长7底部高伽马层。其特征如下：

1. K_0标志层

K_0标志层，又称李家畔页岩，位于长9顶部，岩性为一套暗色泥岩、页岩夹灰色粉砂岩或粉砂岩质泥岩。由电阻、井径、声速、自然伽马组成一个电性特征标志层，电性特征为自然电位偏负、高自然伽马、高电阻、高声速、井径扩径等，是三叠系地层对比的一个重要标志层，在野外发育特征明显（图2-1），在陕北地区多数井位中可见此类岩性发育，如正358井顶部发育21m的油页岩（图2-2），正335井顶部发育19m的油页岩，正341井顶部发育15m的黑色泥岩等。

图2-1 长9李家畔页岩（宜川县范家湾—景阳地区）野外发育特征

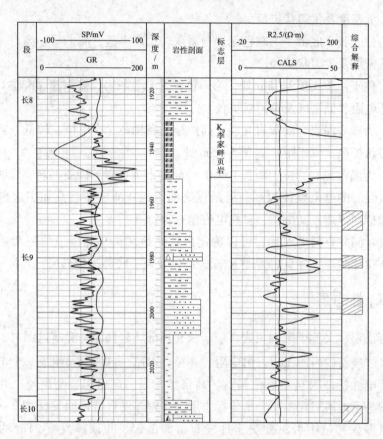

图 2 - 2   正 358 井 K_0 标志层岩电特征

2. 长 9 油层组底部的湖泛面

鄂尔多斯盆地长 9 油层组以湖侵为主，长 9 油层组底部普遍发育一套湖相泥岩，这是陕北地区基准面下降后的第一次较大规模湖泛事件。将第一次湖泛界面及与之可对比的界面标定为长 10 油层组与长 9 油层组的界面。

该界面上、下层位的岩性和电性特征不同，地层结构不同，沉积环境也不同。对于岩性和电性特征而言，长 10 油层组与长 9 油层组区别明显。长 10 油层组顶部为厚层中粗砂岩，由于长石含量高，麻斑结构明显，颜色主要为灰绿色。其上覆的长 9 油层组底部为深灰色、灰绿色砂质泥岩。在测井上，长 10 油层组表现为高电阻；而长 9 油层组底部则表现为相对较低的低电阻（图 2 - 3）。正如测井资料显示的那样，长 10 油层组主要以粗碎屑正粒序为主，指示河道作用发育且普遍；但是长 9 油层组却更多地反映为细碎屑沉积物增多的反粒序结构，指

14

示湖泊作用和三角洲作用普遍发育。因此，长 9 油层组底部的泥岩可以作为地层划分和对比的关键界面。

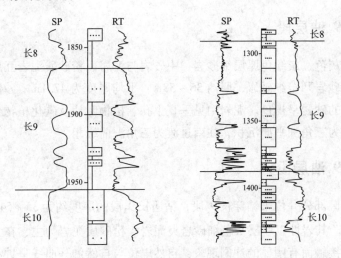

图 2 - 3　陕北地区长 10 油层组与长 9 油层组的岩性与测井特征

第四节　长 9 地层划分及其特征

在划分长 9 油层组及其内部小层时，主要采用长庆油田及周缘油田的资料，以层序地层学、沉积学理论为指导思想。针对陕北地区实际地质条件，将陕北地区长 9 油层组划分为两个油层段，自上而下分别为长 9_1、长 9_2（表 2 - 2）。

表 2 - 2　陕北地区延长组长 9 油层组划分方案

层　位	油层组	油层段
三叠系延长组（T_3y）	长 9	长 9_1
		长 9_2

通过对陕北地区 80 多口探井和评价井长 9 地层的反复对比，采用前述划分原则和对比方法，可最终完成该区的地层划分和对比。进行地层的划分和对比后，分析可知长 9 油层组的岩性及电性特征如下所述。

陕北地区延长组长 9 地层钻遇井深度一般在 2100 ~ 2900m 之间，平均总厚度约为 73 ~ 120m。以三角洲前缘相和三角洲平原沉积为主，砂体较厚，含油性较好。按其特征可进一步分为长 9_1、长 9_2 两个油层段，地层厚度在 80 ~ 110m 之

15

间。该段在电性上表现为自然电位曲线呈箱状、钟状或漏斗状负异常，自然伽马曲线基本与自然电位曲线同形。

1. 长 9_1 油层段

岩性以灰色、灰绿色厚层细砂岩、中砂岩与泥岩、粉砂质泥岩互层为主，局部见含砾粗砂岩乃至细砾岩，厚约 36～58m，平均厚度为 47.1m。砂体中普遍含油，一些井的砂岩呈褐色。泥岩中见垂直虫孔、植物叶片及碳化植物化石。在陕北地区北部为三角洲平原沉积，往南过渡为三角洲前缘相。

2. 长 9_2 油层段

陕北地区部分井位未钻穿长 9_2 段，钻遇长 9_2 段的厚度约为 35～54m，平均厚度为 46.8m。其岩性以厚层灰色细砂岩夹泥岩、粉砂质泥岩为主，在一些井中与下伏地层的接触面有明显的冲刷现象，自然电位与自然伽马曲线呈钟状、箱状负异常。该油层段沉积相也是以三角洲平原至前缘的分流河道、水下分流河道为主，是陕北地区良好的储集层。

第三章　物源分析

　　物源分析在确定沉积物物源位置和性质及沉积物搬运路径，甚至整个盆地的沉积作用和构造演化等方面具有重要意义。常用的物源分析方法有重矿物分析法、碎屑岩类分析法、裂变径迹法、沉积方法、地球化学方法和同位素方法等。

　　关于鄂尔多斯盆地的物源，一般认为，延长组早期，以东北和西南方向物源为主要物源区，而西南物源方向相对弱一些。陕北地区位于盆地的中部偏西，在综合前人的研究成果的基础上，以全盆地古水流方向为基础，以陕北地区碎屑岩轻矿物的标型特征、岩屑成分、重矿物组合特征、石英的阴极发光及各亚段的沉积相平面展布特征为主，并结合整个鄂尔多斯盆地中部物源特征，从而可以对陕北地区延长组长9油层组的物源进行分析和判断，进而确定物源方向。

第一节　物源分析方法

1. 综合轻矿物分析

　　碎屑岩中的碎屑组分和结构特征能直接反映物源区和沉积盆地的构造环境。通过对选定层位砂岩样品中的石英、长石、岩屑含量进行统计，用 Dickinson 碎屑骨架三角图进行投值，根据点的分布情况，确定物源类型。砂岩中碎屑组分及其含量变化是具有研究意义的，其中最多的是石英，其次为长石。统计、分析长石和石英的含量变化，对恢复物源方向有一定的作用。另外，岩屑是母岩类型的直接标志，应用岩屑类型及其含量变化，恢复母岩性质及物源较有成效。

2. 综合重矿物分析

　　重矿物是物源区的重要标志。地质学家很早就根据重矿物的物性特征（如颜色、形态、粒度、硬度、稳定性等）及其组合关系来判别物源。利用重矿物分析来确定物源可分为 3 步：①利用传统的重矿物分析方法鉴别出岩石类型，限定源区位置及远近；②选择一种或几种单颗粒矿物与源区矿物进行地球化学对比，进一步获得源区岩石的信息；③利用聚类分析及重矿物种类、含量及组合分析物源变化。3 种方法的综合利用必能为正确评价源区提供准确的信息。

3. 古水流分析

古水流通常反映区域古斜坡特征，因此，它是沉积岩研究的一个不可缺少的部分。古水流分析为古地理提供数据，为相分析提供有用资料。

4. 稀土元素分析

稀土元素（REE）具有相对稳定特性，即浅变质和轻微成岩作用对原岩部分微量元素和稀土元素的改造作用相对较弱。利用这一特性，在有效误差范围内，可以适当应用之于物源区分析和沉积环境解释。

第二节　盆地周缘的古陆特征

三叠纪鄂尔多斯盆地为典型内陆大型坳陷盆地，盆地周边为高地剥蚀区环绕，三叠纪地层超覆于下覆不同层位上。盆地北缘阴山造山带以及西北缘千里山中的基岩类型主要包括晚太古代乌拉山群、晚太古代—早元古代阿拉善群、早元古代色尔腾山群、晚元古代渣尔泰群、白云鄂博群、千里山群和古生代的碳酸盐岩以及碎屑岩组合等（表 3－1），前寒武系结晶变质基底总厚度在 26km 以上。

表 3－1　鄂尔多斯盆地北缘基岩岩性特征

地　层	北缘、西北缘
集宁群 （Ar1－2）	下部为麻粒岩系，主要为麻粒岩、片麻岩、角闪岩； 上部为含石榴石二长片麻岩；厚度 >9700m
乌拉山群 （Ar3）	片麻岩、角闪岩、变粒岩、大理岩组合，深变质岩系； 西北缘桌子山群岩性、变质程度和乌拉山群相当；厚度 >4158m
阿拉善 （Ar3—Pt1）	下部为石英片岩、石英岩、变粒岩、变火山岩； 上部为碎屑岩、灰岩夹少量火山岩；厚度约为 6038m
色尔腾山群 （Pt11）	下部为片麻岩、混合岩； 上部为片岩、角闪片岩夹磁铁石英岩；厚度 >10000m
二道凹群 （Pt21）	下部以绿片岩为主； 上部为绿片岩夹大理岩。厚度 >1972m
渣尔泰山群 （Pt2）	长达 500km，由变质砂砾岩、石英砂岩、石英岩、片岩、千枚岩、 板岩、灰岩组成，夹火山岩；厚度约为 8453m

其中，乌拉山群呈东西向，主要分布在乌拉山和大青山区，在狼山也有零星分布，它是一套片麻岩、角闪岩、变粒岩和大理岩组合，夹有石英岩，混合岩化和变质作用很强，其上部为长石石英岩（含石墨）—大理岩变质建造，下部为斜长角闪岩—角闪斜长片麻岩（夹磁铁石英岩）变质建造；阿拉善群分布在狼山西南端及阿拉善地块的北部，属中深程度区域变质岩系，分为上、下两部分。下阿拉善群由石英片岩、石英岩、变粒岩并夹含石墨大理岩组成，上阿拉善群为浅海相型碎屑岩、碳酸盐岩，并夹有少量火山岩。色尔腾山群主要分布在色尔腾山的北部和中部，主要由混合岩化片麻岩、混合岩、角闪斜长片岩和次闪石岩组成，夹变粒岩和磁铁石英岩。渣尔泰群主要分布在渣尔泰山，向西延至狼山，主要由变质砾岩、石英砂岩、石英岩、含叠层石结晶灰岩、白云岩、片岩、千枚岩、板岩和中基性火山岩组成。白云鄂博群分布在白云鄂博矿区东西一线，不整合在色尔腾山群之上、上侏罗统之下，其岩性组成与渣尔泰群近似。北缘西部桌子山地区的千里山群，其大部分岩性组成和变质程度均可与乌拉山群相比，但其下部出现了变质程度较高的麻粒岩相变质岩系。

盆地西缘及南缘高地剥蚀区由宁夏古隆起、六盘山古陆、陇西古陆及秦岭古陆组成。在盆地西缘，平凉—海源古隆起的岩性由轴部的前寒武系海源群钠长白云母石英片岩、含云母大理岩、绿帘绿泥片岩，奥陶系阴沟群白云母石英片岩、钠长绿帘阳起片岩、加里东花岗闪长岩以及古生界碳酸盐岩组成。同心隆起以及西北的贺兰山隆起由加里东中期花岗岩、前寒武系海源群云英片岩、花岗闪长岩、辉绿岩，二叠大黄沟群凝灰质砂岩、凝灰岩，窑沟群紫红色凝灰质砂岩组成。

经钻井资料及前人研究证实，鄂尔多斯盆地周缘存在持续上升、剥蚀风化的古陆，呈南北隆起、中部拗陷的古地理格局，决定了鄂尔多斯地区古生界石炭系、二叠系、三叠系北部物源主要来自于北缘的阴山、大青山等古陆。

第三节　鄂尔多斯盆地古水流方向及物源分析

物源分布与古地貌密切相关，并受物源方向制约。研究表明，鄂尔多斯盆地晚三叠世的沉积物由北向南或由北东向南西方向逐渐增厚，子长以北仅厚800m左右，而富县地区则厚达1000～1300m以上。砾岩中砾石的成分、粒径等的变化是确定物源的直接证据。利用砾石中不同成分的含量、粒径大小及所占分数等统计资料，可以区分源岩的主要岩性、搬运距离，粒序层、砾石的分选及磨圆、砾岩体的形态等都可作为有用的参考。同样，沉积物中砂岩的粒度变化也能指示物源方向。

延长组早期，盆地边缘以粗粒砂岩为主，向盆地中部有由粗变细的趋势。其中，盆地北缘榆林以西砂岩粒度最粗，平均最大粒径为1.6mm，向南很快变细，以细砂岩为主。西南缘的镇原—泾川地区沉积物粒度也相对较粗，平均最大粒径为0.8mm，向盆地中心庆阳—合水—黄陵—富县一带逐渐下降为0.4mm。研究区位于盆地的沉积中心偏北，主要接纳了来自盆地北东向的物源。

从盆地周边16个露头剖面延长组的古流向资料来看（表3-2），同一地区不同时期的古水流方向尽管略有变化，河道略有迁移摆动，但大的趋势是近于一致的。盆地西北部沉积物的平均搬运方向为105°；西南部的平凉—华亭地区古流向约为110°；在南部的宜君—铜川地区，平均为320°；东部延长—宜川地区，沉积物搬运方向近北东向；东北地区的榆林一带，沉积物平均搬运方向为200°。这些古流向参数证据表明，盆地四周存在古隆起，沉积物从盆地边部向中心搬运（图3-1）。碎屑颗粒粒径显示，在整个盆地北缘，碎屑颗粒最大粒径为0.7mm，向盆地中心逐渐过渡为0.3mm，西南缘最大粒径为0.65mm，逐渐向东北方向减少到0.35mm。碎屑颗粒在东南缘最大仅有0.35mm，向盆地中心过渡为0.2mm。根据碎屑颗粒粒度变化数据，结合古流向参数，可以判断在延长组沉积中期，有北部和西南部两个主物源方向。陕北地区位于盆地沉积中心偏西北，主要受到北东向物源的控制，沉积物具有明显的北东向物源特征。

表3-2　鄂尔多斯盆地周边露头区延长组古流向统计表

剖面	层位	古流向/(°)	剖面	层位	古流向/(°)	剖面	层位	古流向/(°)
铜川漆水河	ch1	327	华亭汭水河	ch1	100	韩城薛峰川	ch1	351
	ch2	325		ch2	101		ch2	345
	ch3	320		ch3	113		ch3	353
	ch4+5	335		ch4+5	100		ch4+5	352
	ch6	323		ch6	110		ch6	355
	ch7	325		ch7	108		ch7	350
	ch8	325		ch8	111		ch8	335
	ch9	323		ch9	112		ch9	353
	ch10	328		ch10	110		ch10	350

续表

剖面	层位	古流向/（°）	剖面	层位	古流向/（°）	剖面	层位	古流向/（°）
耀县教场坪沟	ch1	345	子洲大理河	ch1	224	清涧河	ch1	228
	ch2	333		ch2	215		ch2	258
	ch3	330		ch3	215		ch3	258
	ch4＋5	343		ch4＋5	213		ch4＋5	257
	ch6	345		ch6	255		ch6	257
	ch7	335		ch7	215		ch7	268
	ch8	335		ch8	207		ch8	265
	ch9	280		ch9	245		ch9	223
	ch10	326		ch10	224		ch10	
延安云岩河	ch1	208	宜川仕望河	ch1	215	延河	ch1	258
	ch2	242		ch2	223		ch2	266
	ch3	185		ch3	240		ch3	268
	ch4＋5	250		ch4＋5	195		ch4＋5	270
	ch6	220		ch6	220		ch6	266
	ch7	247		ch7	220		ch7	270
	ch8	245		ch8	233		ch8	270
	ch9	231		ch9	200		ch9	262
	ch10	243		ch10	226		ch10	262
洛河沮河	ch1	240	佳县佳芦河	ch1	200	榆林秃尾河	ch1	190
	ch2	235		ch2	197		ch2	187
	ch3	235		ch3	210		ch3	185
	ch4＋5	220		ch6	185		ch6	170
	ch6	236		ch8	195		ch7	195
	ch7	250		ch9	180		ch8	205
	ch8	255		ch10	190	旬邑山水河	ch4＋5	340
神木窟野河	ch1	178	平罗汝箕沟	ch1	269		ch6	337
	ch2	178		ch2	268		ch7	325
	ch3	178		ch3	268		ch8	344
	ch4＋5	170		ch4＋5	260		ch9	340
	ch6	180		ch6	270		ch10	341
	ch7	180		ch7	270	灵武古窑子	ch8	110
	ch8	175		ch8	265		ch9	125
	ch9	178		ch9	266		ch10	118
	ch10	185		ch10	263			

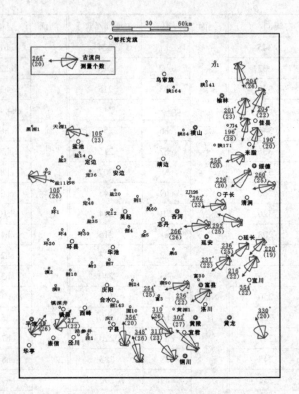

图3-1　鄂尔多斯盆地上三叠统延长组早中期古流向图

第四节　轻重矿物组合及物源分析

1. 轻矿物组合特征

根据岩石薄片资料统计，陕北地区三叠系延长组长9油层组主要为岩屑长石砂岩和长石砂岩（图3-2）。其总体表现为长石含量略高于石英含量，岩屑含量相对较低。砂岩中主要的矿物组分特征为：石英最高含量为46.67%，最低含量为26.23%，平均含量为36.7%，硅质及长英质加大常见；长石最高含量为57.71%，最低含量为31.34%，平均含量为42.17%；岩屑最高含量为27.36%，最低含量为10.36%，平均含量为18.38%。该区云母含量较低，为0%～6.63%，平均值为2.75%，部分井见云母蚀变变形。这些特征反映了陕北地区长9

油层组砂岩矿物成分成熟度同样较低。

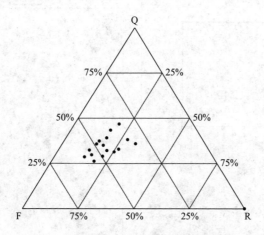

图3-2　陕北地区长9油层组岩石组分图

总体看来，陕北地区长9油层组轻矿物组分特征体现为为长石含量＞石英含量＞岩屑含量＞云母含量（表3-3、图3-3）。

表3-3　陕北地区长9油层组平均轻矿物组分统计表

层位	石英 /%	长石 /%	岩屑/%				云母 /%
			岩浆岩岩屑	变质岩岩屑	沉积岩岩屑	合计	
长9油层组	36.70	42.17	5.04	13.30	0.03	18.38	2.75

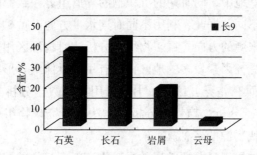

图3-3　陕北地区长9油层组轻矿物组分直方图

结合鄂尔多斯盆地长9油层组轻矿物组分及含量变化图（图3-4、图3-5），以及陕北地区长9油层组轻矿物图，陕北地区显示出长9油层组以东北部物源为主的特征。

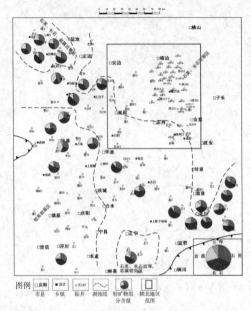

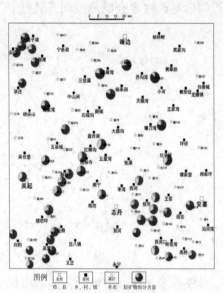

图 3-4 鄂尔多斯盆地长 9 油层组
轻矿物组分及含量变化图

图 3-5 陕北地区长 9 油层组
轻矿物分布图

2. 重矿物分析

矿物之间具有严格的共生关系，所以重矿物组合是物源变化的极为敏感的指示剂。在同一沉积盆地中，同时期的沉积物的碎屑组分一致，而不同时期的沉积物所含的碎屑物质不同。据此，利用不同时期水平方向上重矿物种类和含量变化图，可以推测物质来源的方向。重矿物组合分析法对物源区用处颇大，尤其是在矿物种类较复杂、受控因素较多的地区特别有用，具体组合形式、分析方法根据不同地区特点不同而有差异。目前，主要引用一些数学分析方法，如聚类分析（R 型或 Q 型）、因子分析、趋势面分析等方法来研究矿物组合特征、相似性等指数，从而提取反映物源的信息。

陕北地区长 9 油层组目前所掌握的重矿物资料有一定的局限性，因此，可以结合陕北地区长 9 油层组的重矿物组合特征以及鄂尔多斯盆地早期重矿物组合特征，对陕北地区的物源进行分析。

根据现有重矿物资料分析，陕北地区长 9 油层组重矿物主要有锆石、金红石、电气石、石榴石、白钛矿、硬绿泥石、磁铁矿、锐钛矿、黄铁矿、重晶石等；稳定矿物主要是锆石、金红石、电气石、白钛矿等；中等稳定矿物主要是石榴石、磁铁矿、榍石等；不稳定矿物主要是绿泥石、绿帘石等。按照重矿物的含量分数将重矿物依次分为主要矿物、次要矿物和少量矿物（表3-4）。其中，主要矿物为锆石和石榴子石；次要矿物为白钛矿和绿帘石；少量矿物为金红石、电气石、黄铁矿、重晶石、磁铁矿、榍石和硬绿泥石；常见矿物为锆石、石榴子石、白钛矿、电气石、绿帘石、硬绿泥石和次生矿物重晶石。

表3-4 陕北地区长9油层组重矿物组成特征表

层位	主要矿物（>10%）		次要矿物（1%~10%）		少量矿物（≤1%）	
	名称	含量/%	名称	含量/%	名称	含量/%
长9油层组	锆石	20.18	白钛矿	2.29	金红石	0.11
	石榴子石	72.71	绿帘石	3.11	电气石	0.29
	–	–	–	–	磁铁矿	0.50
	–	–	–	–	榍石	0.21
	–	–	–	–	硬绿泥石	0.29
	–	–	–	–	黄铁矿	0.21
	–	–	–	–	重晶石	0.07

从该区重矿物统计资料表（表3-4），结合鄂尔多斯盆地长9油层组重矿物组合平面分布特征图来看（图3-6），陕北地区主要位于最稳定重矿物组合和稳定重矿物组合带，大致表现出由北向南稳定矿物含量逐渐增加，不稳定矿物含量逐渐减少的趋势。石榴石含量在该区最高，在28%~97%之间，平均值为73.2%；锆石含量次之，在1%~87.5%之间，平均值16.5%。可见，陕北地区长9期沉积物离物源较远且物源主要可能来自盆地北部、东北部。而长9期盆地西部重矿物组合为石榴子石—锆石组合，由西向东稳定矿物所占比

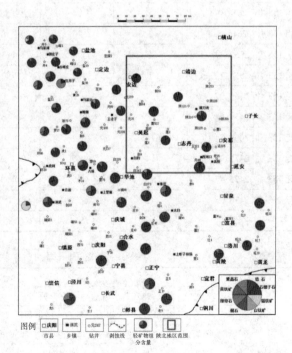

图3-6 鄂尔多斯盆地上三叠统延长组
长9油层组重矿物组合图

例逐渐增加，不稳定矿物所占比例逐渐减少，具体表现为锆石含量增加，石榴子石含量减少，显示阿拉善古陆物源进入了盆地。因此可知陕北地区西南部小面积受西北部物源的影响。

由重矿物统计资料表与不同母岩的重矿物组合表（表 3 - 5、表 3 - 6）的分析对比来看，对陕北地区影响最大的母岩类型为变质岩和酸性岩浆岩。这和盆地北部大青山地区以太古界乌拉山群和二道凹群中的深变质的结晶片岩、片麻岩所组成地层有较好的对应关系。

表 3 - 5　陕北地区长 9 油层组重矿物组合特征对比图

井名	深度/m	层位	最稳定重矿物组合/%　锆石 + 电气石 + 金红石 + 板钛矿	稳定重矿物组合/%　石榴石 + 榍石 + 磁铁矿 + 白钛矿	次稳定重矿物组合/%　绿帘石 + 黝帘石	不稳定重矿物组合/%　重晶石 + 黄铁矿	最不稳定重矿物组合/%　绿泥石等
新 213 井	2130.9		2	96	2	0	0
新 213 井	2133.0		2	96	2	0	0
胡 148 井	2609.1		9	88	3	0	0
胡 148 井	2612.4		5	84	11	0	0
胡 148 井	2645.5		2	90	8	0	0
胡 153 井	2552.37		1	93	3	3	0
胡 153 井	2556.73	长 9	1	99	0	0	0
元 153 井	2455.92		89	11	0	0	0
元 153 井	2459.04		5.5	91.5	0	0	0
元 153 井	2461.71		67.5	32	0	0	0.5
元 153 井	2472.92		14	86	0	0	0
元 153 井	2475.45		45	55	0	0	0
元 153 井	2478.28		42	57.5	0.5	0	0
平均			20.57	75.71	3.11	0.29	0.32

表 3 - 6　不同母岩的重矿物组合

母岩	重矿物组合
酸性岩浆岩	磷灰石、普通角闪石、独居石、金红石、榍石、锆石、电气石（粉红）
微晶岩	锡石、萤石、白云母、黄玉、电气石（蓝色）、黑钨矿
中性及基性岩浆岩	普通辉石、紫苏辉石、普通角闪石、透辉石、磁铁矿、钛铁矿
变质岩	红柱石、石榴石、硬绿泥石、蓝晶石、矽线石、十字石、绿帘石、黝帘石、镁电气石（黄、褐色变种）
再改造的沉积岩	锆石（圆）、电气石（圆）、金红石、重晶石

第五节　阴极发光分析

除了在显微镜下研究石英颗粒成因类型的特征外，还可从石英阴极发光特征来判别它的成因类型。不同成因的石英阴极发光强度和颜色各不一样。基于这样的原理，岩石中不同石英碎屑的阴极发光可以反映物源区的属性和构造背景。石英在阴极射线照射下，具有标准成因意义的石英发光颜色类型有 3 种（表 3 - 7、图 3 - 7）：

（1）发蓝紫—红紫色光的石英形成于深成岩或火山岩中，在高温（高于 573℃）条件下快速冷却形成。其中，紫色石英最常见，它是高温条件下快速冷却形成的。火山斑晶石英常具环带或发光不均一性。火山岩基质中的石英，因自身结晶温度较低，结晶速度较快而发红光。

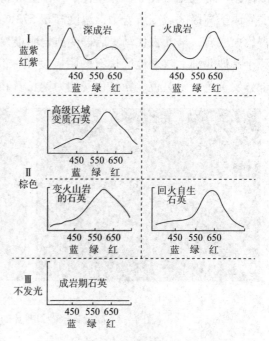

图 3 - 7　3 种类型的石英发光图谱

表 3 - 7　石英阴极发光特征与结晶温度的关系

类型	阴极发光特征	温度条件	产状		
I	紫色发光石英 （蓝紫—红紫）	>573℃	火成岩	深成岩	接触变质岩
II	褐色、红棕、 棕色石英	>573℃	高级区域变质岩	变质的火山岩， 变质的沉积岩	
		300～573℃	低级变质岩	接触变质岩外带、 区域变质岩 回火沉积岩（自生石英）	
III	不发光石英	<300℃	沉积物中自生石英		

（2）发褐色、红棕、棕色光的石英形成于区域变质岩中，温度为300～573℃，冷却速度比较"慢"；受成岩作用中压溶、温度、压力的影响，自生石英也可能发浅棕色光。

（3）不发光石英是成岩作用过程中形成的自生石英，形成温度一般小于300℃。陕北地区砂岩薄片的石英阴极发光分析显示，石英的发光主要为蓝紫色、深棕色—褐色光（图3-8）。其中，含量最高的发褐色—深褐色光石英颗粒，主要形成于高级区域变质岩中，温度高于573℃，与盆地北缘阴山、大青山区的太古代火成岩，早元古代马家店群变质岩阴极发光特征相似，表明石英碎屑主要来源于盆地北部。陕北地区长石的阴极发光，以亮蓝色的碱性长石和斜长石为主，部分发黄色、土黄色、粉红色光的为钠长石和正长石。

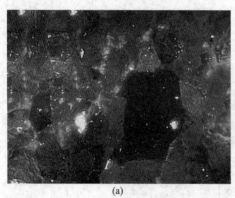 

图3-8　陕北地区砂岩薄片的石英阴极发光分析

（a）高116井，长9₁，1748m，石英发褐色光，少量发蓝色光，发育次生加大边；长石发亮蓝色、土黄色等光，10×10；（b）杨22井，长9₁，1967.3m，石英发蓝色、蓝紫色—褐色光，多数发光微弱，个别发光较亮，长石发亮蓝色、土黄色等光，10×10

第六节　稀土元素的富集规律及物源分析

稀土元素（REE）是一组特殊的微量元素，在微量元素地球化学研究中占有很重要的地位。稀土元素有独特的地球化学性质：①它们是性质极为相似的地球化学元素组，在地质—地球化学作用过程中整体活动；②它们的分馏情况能灵敏地反映地质—地球化学作用的性质，有良好的示踪作用；③除经受岩浆熔融外，稀土元素基本上不破坏它们的整体组成特征；④在地壳各岩石中分布广泛。因此，稀土元素地球化学能在岩石成因、成矿物源、成岩成矿物理化学条件、地壳和地球等天体的形成和演化等研究中广泛应用。

1. 稀土元素的富集规律

（1）稀土元素在地球中的丰度从下地幔到上地幔再到地壳，REE 总量不断增高，根据黎彤的计算值，地壳中的 REE 总量比地球的平均值增高 22.7 倍，上地幔比地球增高 2.4 倍，下地幔比地球平均值降低 40%。计算还表明，地幔中稀土分馏现象不明显，其 $\sum \omega$（Ce）/$\sum \omega$（Y）= 1.13 ~ 1.14，与地球的平均值（1.15）相近。这说明地幔物质是形成地球的原始物质，由地幔分熔而形成地壳，其中，稀土含量增高，并且发生了分馏，轻稀土明显增高。

（2）地壳中 REE 元素分配具有以下一些特点：①从 La 到 Lu，元素分布量明显表现出偶数元素丰度高于相邻奇数元素的丰度，并呈折线式逐渐降低的趋势，服从奥多—哈斯金法则；②$\sum \omega$（Ce）含量远比 $\sum \omega$（Y）含量高，$\sum \omega$（Ce）/$\sum \omega$（Y）= 2.65 ~ 2.93，大大超过地幔、地球及陨石中的 $\sum \omega$（Ce）/$\sum \omega$（Y）值。

2. 稀土元素在物源分析中的应用

稀土元素因其独特的地球化学性质，故可用于物源分析，且通常用稀土模式来表示。稀土模式指示物源时，LREE/HREE 值低，无 Eu 异常，则物源可能为基性岩石；LREE/HREE 值高，有 Eu 异常，则物源多为硅质岩。另外，La—Th—Sc、Th—Co—Zr/10、Th—Sc—Zr/10 和 La/Yi—Sc/Cr 等图解可用来判断物源区所处的构造环境，即大洋岛弧、大陆岛弧、活动大陆边缘和被动大陆边缘环境。

陕北地区样品的稀土模式与阴山、大青山太古代变质岩一致（表现出 LREE 富集，HREE 严重亏损），稀土配分曲线形态一致（图 3-9），说明它们之间具有较大的亲缘关系，从而说明长 9 期的沉积物应来源于盆地北部、东北部，其原始物质应来源于上地壳。

通过对盆地周缘古陆特征的分析、古水流方向分析、轻/重矿物特征分析、阴极发光分析以及稀土元素分析，推断出陕北地区长 9 油层组沉积期的物源主要来自于盆地北部的变质结晶基底。

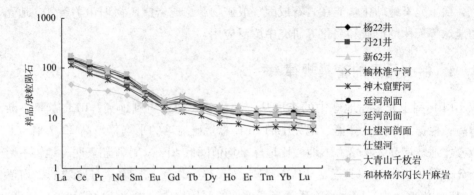

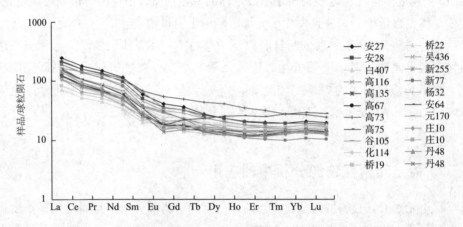

图 3-9　陕北地区长 9 油层组稀土配分模式图

第四章　沉积相与砂体展布研究

中国的油气资源明显受沉积相的控制。尤其是碎屑岩储集层，在不同类型的砂体中，由于沉积亚相和微相的差异，砂层的展布和储集性能会有明显的差异，陕北地区的地质特征也显示了沉积相带的展布与油气的分布具有密不可分的关系。因此，研究各种类型的沉积相特征，建立相应的相模式和相序列，不仅具有重要的理论意义，而且也具有重要的油气勘探价值。

第一节　沉积相标志分析

沉积相及沉积微相的划分方式较多，可以通过野外露头研究、岩心观察与描述、粒度分析、地球化学分析、地震、测井等方法进行。而对于盆地内沉积相的系统研究，较有效的手段是通过对岩心资料分析，建立岩电关系，然后充分利用测井资料，并结合区域地质资料等进行综合分析。在野外研究的基础上，通过沉积岩岩石学特征，沉积构造，测井岩、电特征以及古生物标志等可以进行沉积相的识别与划分。

1. 岩石学特征

1）岩石颜色特征

颜色是沉积岩最直观、最醒目的标志，沉积岩的颜色变化，除取决于成分外，还与其沉积环境密切相关。因此在判别沉积环境时，沉积岩的颜色具有非常重要的作用，是沉积环境的良好指示剂。最主要的色素为有机质和铁质，通常有机质含量增加，岩石颜色变深变暗，如果有 Fe^{2+} 则呈绿色，有 Fe^{3+} 则呈红色。沉积岩中含有机质（如碳质和沥青）、分散状硫化铁（如黄铁矿和白铁矿），则呈暗色，包括灰色和黑色，含量愈高，颜色就愈深，说明岩石形成于还原环境或强还原环境。通常碳质可反映浅水沼泽弱还原环境，沥青质和分散状硫化铁则反映深水或较深的停滞水环境。沉积岩中含有含 Fe^{2+} 的矿物（如海绿石、绿泥石和菱铁矿）则呈绿色，反映弱氧化或弱还原环境，但如果富含角闪石、绿帘石、孔雀石等矿物，则也呈绿色，不反映沉积环境。沉积岩中含有含 Fe^{3+} 的矿物（如赤铁矿、褐铁矿）则呈红色或褐黄色，反映氧化或强氧化环境。

陕北地区长 9 段岩石类型主要为陆源碎屑岩，以细砂岩为主，中砂岩次之，另外还有粉砂岩及泥岩。砂岩颜色以灰白色、灰绿色为主，泥岩为灰黑色、黑色，未见杂色泥岩的发育（图 4-1）。陕北地区岩石表现为还原条件下的暗色特征，黑色或深灰色通常与有机质的含量有关，含量越高，其颜色越深，有机质含量高往往代表一种还原环境。表明长 9 段沉积处于水下还原环境。

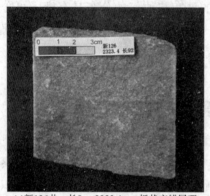 

(a)新126井，长 9_2，2323.4m，板状交错层理　　(b)化114井，长 9_1，1475.6m，鱼鳞化石

图 4-1　陕北地区长 9 段岩石颜色特征

2）岩石结构特征

陕北地区长 9 细砂岩颗粒磨圆度一般，多为次棱角状，分选一般至较好，胶结类型以孔隙—接触式为主，还有少量的薄膜式、薄膜—孔隙式、孔隙—薄膜式胶结。主要为点—线接触关系，有少量的点接触和线接触；主要为细砂（0.1～0.25mm）和中砂（0.25～0.5mm），少量的粗砂（0.5～1mm）（图 4-2）。

据陕北地区长 9 段样品粒度分析实验统计，绘制了粒度分布直方图（图 4-3），粒度以细粒为主。对每个样品进行 C、M 值投点发现，陕北地区样品点呈现五段式，大多落在 OP、PQ、QR 段（图 4-4）。与牵引流沉积的 C-M 图相匹配，说明陕北地区主要受河流三角洲沉积的影响。

(a)化114井，1479.23m，长9₁，颗粒分选一般，×10　　(b)新283井，2252.3m，长9₂粒间孔发育，×4

图4-2　陕北地区长9岩石结构特征

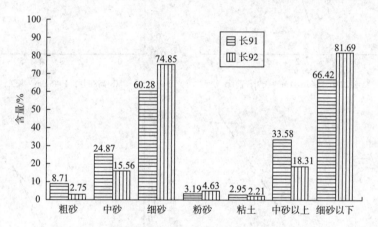

图4-3　陕北地区长9段粒度分布直方图

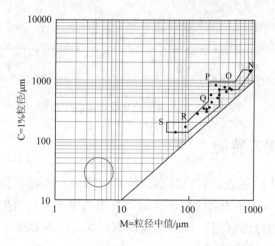

图4-4　陕北地区长9段沉积物 C-M 图解

粒度曲线是三段式，跳跃组分含量约 90%，悬浮组分约 10%，斜率近约于 80°，表明分选较好，水动力条件中等。浅湖滩砂也为三段式，跳跃组分出现两段，斜率为 60°左右，水动力条件较弱（图 4－5）。

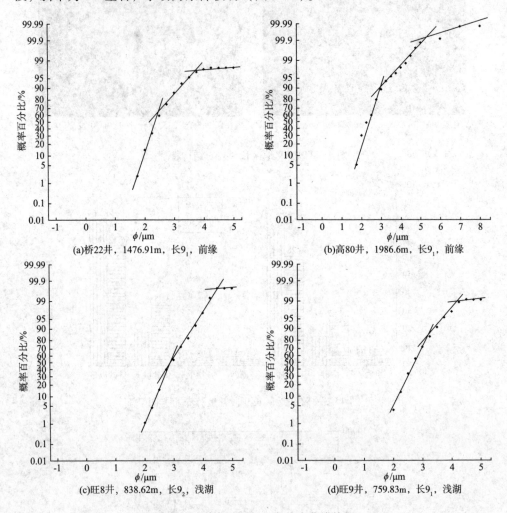

(a)桥22井，1476.91m，长9₁，前缘　　　　(b)高80井，1986.6m，长9₁，前缘

(c)旺8井，838.62m，长9₂，浅湖　　　　(d)旺9井，759.83m，长9₁，浅湖

图 4－5　陕北地区长 9 段粒度曲线特征

2. 自生绿泥石特征

陕北地区长 9 油层组砂岩中观察到的自生绿泥石主要呈孔隙环边衬里式发育。Baker 等研究认为早成岩阶段形成的以孔隙衬里产出的自生绿泥石是海水影响下的三角洲（如分流河道）沉积环境的良好标志，而郑荣才和梅柳青等根据

对沉积湖泊水体古盐度的计算，认为晚三叠世鄂尔多斯湖盆属于微咸—半咸水环境，并非真正意义上的淡水湖泊，因此同样适用 Baker 的结论。黄思静等认为孔隙的环边衬里是砂岩中自生绿泥石最主要的赋存状态，并且从成因上得出三角洲沉积环境（尤其是三角洲前缘环境）更容易形成自生绿泥石的结论。姚泾利等也从绿泥石黏土膜的形成过程方面进行分析，认为其主要见于三角洲前缘的水下分流河道和河口坝砂体中。

根据观察到的自生绿泥石的发育情况，判断三角洲前缘的大致发育范围。对陕北地区储层砂岩薄片和扫描电镜观察统计绘制了自生绿泥石发育区（图4-6、图4-7），从图中可以看出，长 9_1 期绿泥石主要发育于陕北地区北部大部分区域以及西南部小范围区域，吴起—志丹一带为绿泥石不发育区，且长 9_1 期较长 9_2 期绿泥石不发育区范围有所扩大。

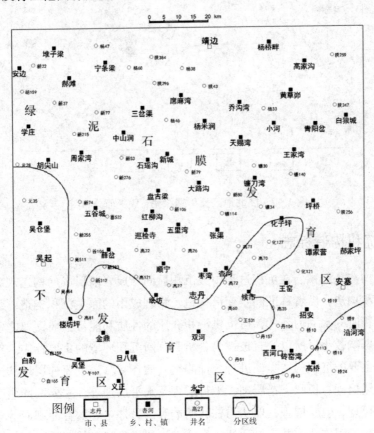

图4-6 陕北地区长 9_1 期绿泥石膜平面分布图

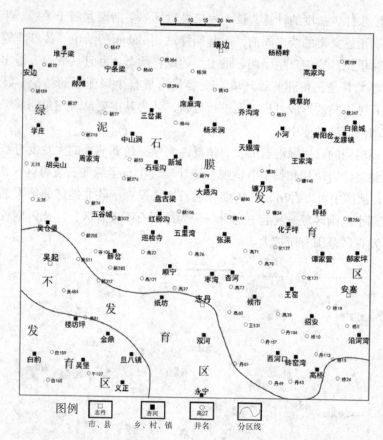

图4-7 陕北地区长9_2期绿泥石膜平面分布图

3. 沉积构造标志

沉积构造是沉积岩在沉积过程中或沉积后固结成岩前形成的构造现象。前者称原生沉积构造，后者称准同生变形构造。物理成因的原生沉积构造，最能反映沉积物沉积时的水动力条件，可提供沉积介质的性质和能量强弱，兼之它们在成岩阶段受影响较小，所以一直被视为分析和判断沉积环境的重要标志。对陕北地区长9段主要的沉积构造类型进行统计归类（表4-1），主要的层理构造类型包括槽状交错层理、板状交错层理、平行层理及水平层理等，主要的同生变形构造包括变形层理、包卷层理、球状与枕状构造等，另外主要发育冲刷面等侵蚀构造及各类生物成因构造，并未见到浊积岩或者浊积岩中特有的鲍马序列、槽模等。

表 4 – 1　陕北地区延长组长 9 段主要沉积构造类型

序号	类型		构造特征	岩性	出现环境	成因
①	层理构造	槽状交错层理		粉—细砂岩	层系底界面冲刷面明显，底部常有泥砾，多见于河流环境	河道下切充填时水流波痕迁移而成
②		板状交错层理		粉—细砂岩	大型板状层理在河流沉积中最典型	河道迁移时水流波痕迁移而成
③		平行层理		细砂岩	一般出现在急流及高能量环境中，如河道、海（湖）岸和海滩等环境中	水动力强，水浅流急
④		水平层理		粉砂岩、泥岩	出现在深湖相、浅湖相、前三角洲相的泥质沉积中	细粒沉积，水动力较弱
⑤	同生变形构造	包卷层理		泥质粉砂岩、粉砂岩	在海相和湖相三角洲前缘中砂、泥互层的地层中常有发现	重力流作用或者差异压实作用
⑥		变形层理		粉—细砂岩		沉积物液化和泄水
⑦	侵蚀构造	冲刷面		粉—细砂岩	分支河道和水下分支河道沉积的底部	河道底部冲刷，滞留沉积
⑧	生物成因构造	生物潜穴		粉砂质泥岩、泥岩	多分布于近岸浅水环境	生物居住或觅食而形成的孔穴
⑨		生物扰动构造		泥岩	浅水、较深水、深水环境都有分布	生物居住或觅食而形成
⑩		植物根植物叶片		粉砂质泥岩、泥岩		植物被埋藏于泥质沉积中

37

1）层理构造

（1）交错层理，指细层与层系界面呈角度相交的层理。常见的交错层理主要有沙纹交错层理、板状交错层理、槽状交错层理等［图4-8（a）、（b）、（e）］，在水下分流河道及河口坝等沉积中非常常见，在分流间湾沉积中也可见到沙纹交错层理。

（2）平行层理，由砂质沉积物组成，是层面具剥离线理的水平层理，代表了较强的水动力条件，在水下分流河道等沉积环境中常见［图4-8（c）］。

（3）水平层理，主要发育于页岩、粉砂质泥岩、泥质粉砂岩中。其纹理细薄、清晰且彼此平行，表明是在低能环境的低流态中，由悬浮物质沉积而形成，常见于分流间湾沉积中［图4-8（d）］。

（4）透镜状层理，其特点是砂质透镜体被包围在泥岩之中。一般出现在砂泥呈互层段，它们是在泥、砂都有供应和较活跃的水动力条件与缓慢或停滞水动力条件相互交替的情况下形成的。

2）同生变形构造

（1）变形层理：常见于粉砂岩与细砂岩中，属于层内的层理揉皱现象。由于沉积层内的液化作用或流水的剪切作用而形成，常见于分流间湾沉积［图4-8（f）］。

（2）球状与枕状构造：常见于泥质层之上的砂层底部，砂层被分解为孤立的或断续连接的球状体或枕状体。一般认为球状、枕状构造是由于砂层的垂直沉陷而产生的。该构造虽不限于特定环境，却可以指示沉积单位的快速沉积作用。

3）侵蚀构造

冲刷面：是高流态下产生的一种层面构造，由于岩心体积小，故只能见到起伏幅度平缓的冲刷面。侵蚀构造主要见于分流河道沉积的底部，冲刷面附近常见大量泥砾。

4）生物成因构造

生物成因构造中以虫孔为主，常见斜虫孔和垂直虫孔［图4-8（g）、（h）］，多见于粉砂质泥岩或粉砂岩中，在整个陕北地区皆有发育，表征动荡而又浅覆水的富氧沉积环境。

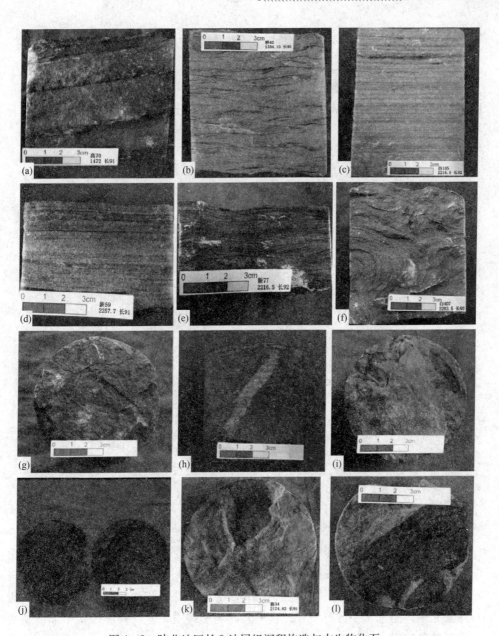

图4-8　陕北地区长9油层组沉积构造与古生物化石

（a）高70m，长9_1，1472m，板状交错层理；（b）桥42m，长9_1，1334.13m，槽状交错层理；（c）高105m，长9_2，2216.5m，平行层理；（d）新59m，长9_1，2257.7m，水平层理；（e）新77m，长9_2，2216.5m，沙纹交错层理；（f）白407m，长9_2，2283.5m，变形层理；（g）安28m，长9_1，2111.23m，虫孔；（h）高73m，长9_1，1893m，斜虫孔；（i）杨68m，长9_1，2043.3m，介形虫；（j）王525m，长9_1，1591m，鱼鳞；（k）新34m，长9_1，2174.82m，植物叶片；（l）新59m，长9_1，2352.7m，植物碳化

4. 古生物标志

在岩心中观察到了大量的生物标志物化石，如介形虫、鱼鳞、植物碎屑化石等［图4-8（i）~（l）］。对各类古生物标志在平面上的分布进行了统计（图4-9）。

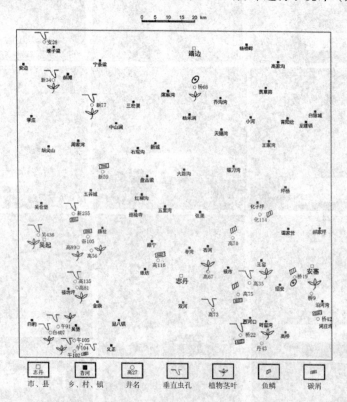

图4-9　陕北地区长9油层组古生物标志平面分布图

延长组湖盆波基面分布在15~20m深度处，从这一深度开始逐渐进入半深湖—深湖，而介形虫主要存在于0~25m深度处，主要分布于浅湖环境中。介形虫在北部和东南部井中均有发现，说明陕北地区全区处于波基面以上。植物茎叶化石在陕北地区全区几乎皆有发育，含植物碎屑的碳质泥岩、差煤线在中部以及南部部分井处可见，也说明陕北地区为浅水环境，且湖水进退频繁。鱼鳞化石在东南部井位取心井中可见，但数量较少，且未见到的鱼身化石，说明水体已开始加深。这些证据都显示陕北地区在长9期已发展为水下环境，发育浅水湖泊，且由北向南水体逐渐变深，但并未达到深湖环境。

5. 测井相标志

利用测井资料分析沉积环境和沉积相，是一种快速、简便而有效的方法，能够为判别沉积环境提供依据，已成为沉积相识别的相标志之一。不同沉积环境常常具有不同的测井曲线形态特征，人们在实践中逐步从各种环境的曲线中概括出基本的形态类型。不同沉积环境的测井曲线形态特征是由几种基本类型组合而成的。陕北地区延长组主要沉积相类型有河流体系、湖泊体系、辫状河三角洲体系和曲流河三角洲体系。

1）测井曲线特征基本形态类型

D. R. Alen（1975）最初将自然电位曲线与电阻率曲线组合在一起，提出了5种测井曲线形态的沉积环境基本类型（图4-10），分别为：顶部或底部渐变型，顶部或底部突变型，振荡型，块状组合，互层组合。

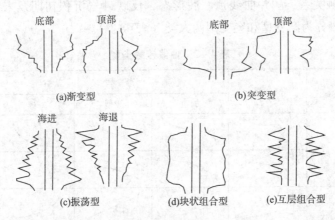

图4-10 测井曲线沉积环境基本类型

（1）渐变型：表明了岩层顶部或底部沉积颗粒大小的逐渐变化。这种曲线特征往往是一种沉积环境到另一种沉积环境平稳过渡的表征，如由河流沉积逐渐过渡为洪积平原或河漫滩沉积，曲线特征常表现为顶部渐变型。

（2）突变型：一种沉积环境到另一种环境急剧变化或不同环境的不整合接触的表征，如河流相深切的河道沉积底部，常显示为底部突变型。

（3）振荡型：水体前进或后退长期变化反映，根据水体进或退又分别分为圣诞树型或倒圣诞树状。

（4）块状组合型：沉积环境条件基本相同的情况下，沉积物快速沉积或砂体多层叠置的反映。

（5）互层组合型：反映因环境频繁变化而形成的砂岩、粉砂岩及页岩相间成层的沉积序列，如河道频繁迁移或以交织河为主的河流相沉积，常见互层组合型。

以上几种曲线类型主要受控于3种因素：①水体深度及其变化；②搬运能量及其变化；③沉积物物源方向及其供应物的变化等。

2）测井曲线形态分析的基本内容

（1）幅度：幅度大小反映粒度、分选性及泥质含量等沉积特征的变化，如自然电位的异常幅度大小、自然伽马幅值高低可以反映地层中粒度中值大小，并能反映泥质含量的高低。

（2）形状：指单个砂体曲线形状，常分为箱形、钟形、漏斗形和菱形4种。箱形反映沉积物沉积时能量相对稳定，而钟形和漏斗形分别表示沉积能量强→弱和弱→强的过程，菱形特征反映沉积时能量弱→强→弱的变化。

（3）接触关系：测井曲线顶、底形态，反映砂岩沉积初期及末期的沉积相的变化。一般分为渐变型和突变型两大类（表4-2）。

表4-2　曲线接触类型

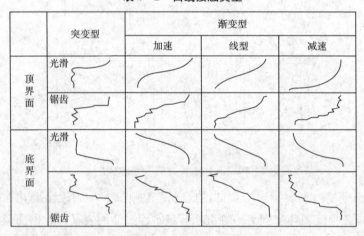

（4）次级形态：主要包括曲线光滑程度、包络线形态及齿中线形态。根据水体进、退速度，其包络线可分为：下倾线性、上凸、上凹和上倾线性、上凹、上凸几种形态。齿中线常分为水平平行、上倾平行、下倾平行、内收敛、外收敛几种，它们帮助提供沉积信息，如齿中线成水平平行，则表明每个薄砂层粒度均匀，沉积能量均匀周期性变化。

测井资料较易获取，在不可能全部取心的条件下，测井能获得所需研究井段的全部测井曲线。测井曲线是岩石各种物理性质沿井孔深度变化的物理响应，反映了岩石的岩性、粒度、分选性、泥质含量及垂向序列等重要的成因标志。通常应用自然电位曲线、自然伽马曲线、微电极曲线等研究沉积相，分析沉积层的粒度变化趋势、非均质性和韵律性等，从而判断沉积能量和环境。

陕北地区延长组发育三角洲和湖泊沉积体系。三角洲沉积体系为河流注入湖泊，是由于坡度变缓，流速变小，水流扩散，水体携带的大量泥砂堆积而形成的一套沉积体系。该类型三角洲在空间上常可分为3个带：三角洲平原、三角洲前缘、前三角洲。长9期主要为三角洲前缘，三角洲前缘由水下分流河道、席状砂和河道间沉积组成。沉积物以粗、细粒岩石间互层为主，曲线形态显示为互层状。水下分流河道主要是细砂岩，分选、磨圆好—中等，自然电位曲线为顶、底突变的箱形曲线、钟形曲线或箱形和钟形的组合，具微齿状起伏，自然伽马曲线呈低值；分流间湾主要由泥岩、粉砂岩夹薄层状砂岩组成，自然电位曲线低平，其中夹微幅值负异常，自然伽马曲线呈高值，呈齿形。

前三角洲位于三角洲前缘之下，岩性细，主要为粉砂岩和泥岩，偶尔夹细砂岩，因而测井曲线幅值低，曲线呈小锯齿状。

浅湖沉积物粒度较细，岩性主要为深灰、灰色泥岩，深灰色粉砂质泥岩、泥质粉砂岩。具水平纹层。自然伽马曲线基本是低幅值，在薄砂层段为低—中幅的指状或锯齿状。深湖亚相的岩性主要为深灰—灰黑色的纹层状粉砂质泥岩、页岩和油页岩夹浊积岩。自然电位曲线低平，高电阻、高伽马、高声速时差。

第二节　单井相分析

分别选取位于陕北地区西北部、中部和西南部的新22井、高135井和高73井进行单井分析。3口不同位置的单井相显示出长9顶部暗色泥岩从无到有、逐渐变厚，砂岩从厚层状到层状、薄层叠加状的厚度递减的过程。

新22井位于陕北地区西北部的安边一带，总厚度94.5m，长9_1段51m，长9_2段43.5m。长9_1顶部不发育高伽马泥岩，整段以水下分流河道砂体为主，单层砂体较厚。取心位置在长9_1段中上部，岩心观察显示岩性主要为灰绿色细砂岩和灰黑色粉砂岩、泥岩，砂岩中可见板状、槽状交错层理，底部见冲刷面构造。长9_2段无实际取心，但从岩性分析和测井曲线中可见以厚层状砂岩为主，夹少量泥岩、粉砂岩（图4-11）。

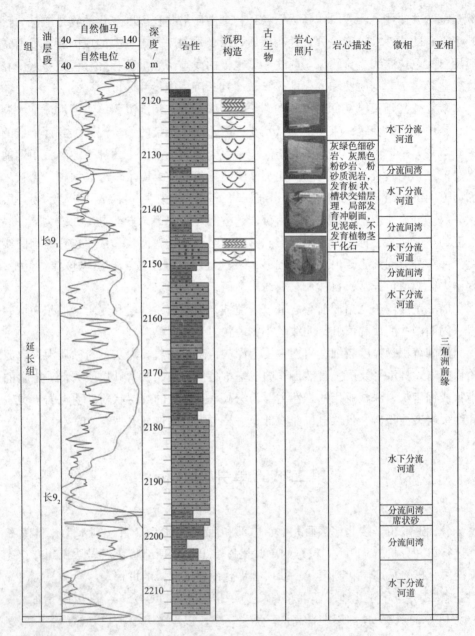

图 4-11　陕北地区新 22 井长 9 油层组沉积相综合柱状图

　　高 135 井位于陕北地区中部，总厚度为 108.6m，长 9_1 段为 53m，长 9_2 段为 55.6m。长 9_1 顶部可见约 7m 的暗色泥岩，伽马曲线显示异常高值。长 9_1 段上部岩性以泥质和粉砂质为主，向下粒度逐渐变粗。下部岩性主要为厚层状细砂岩。长 9_2 段主要以泥岩、粉砂岩为主，仅在顶部发育一定厚度的细砂岩，砂岩中有油迹显示，下部发育薄层细砂岩与泥岩、粉砂岩的互层。取心位置在长 9₁ 段中下部和长 9₂ 段顶部。岩心中泥岩可见植物茎干化石，以及砂纹交错层理、变形层理及垂直虫孔等沉积构造；砂岩中见槽状交错层理等沉积构造（图 4 – 12）。

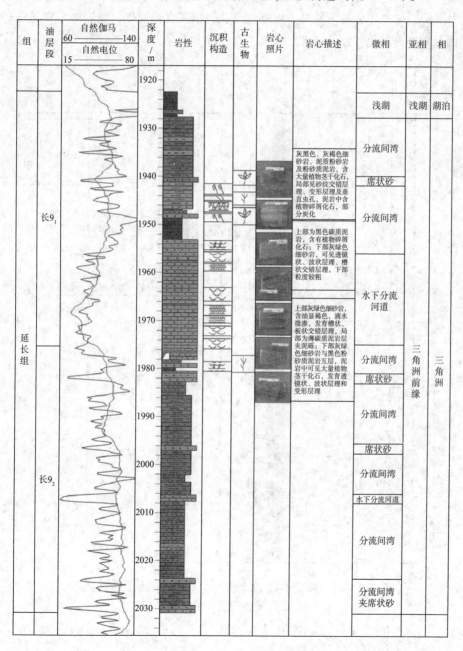

图 4 – 12　陕北地区高 135 井长 9 油层组沉积相综合柱状图

高 73 井位于陕北地区西南部，总厚度为 108.6m，长 9_1 段为 53m，长 9_2 段为 55.6m。在长 9 顶部可见明显的厚度约为 10m 的黑色泥岩，伽马曲线显示高值。整段发育灰黑色粉砂质泥岩、泥岩与灰色、灰绿色细砂岩互层。取心位置在长 9_1 段中下部。岩心中砂岩可见高角度垂直虫孔，槽状交错层理，泥岩中发育植物碎屑化石，部分炭化（图 4-13）。

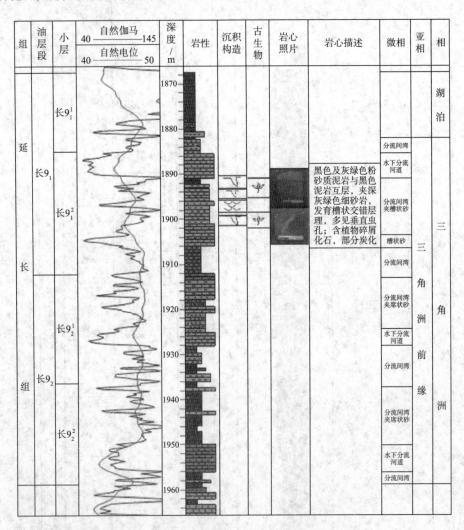

图 4-13　陕北地区高 73 井长 9 油层组沉积相综合柱状图

第三节　沉积相类型及其特征

　　针对陕北地区主要应用沉积岩岩石学特征、沉积构造、测井岩电特征及古生物标志等进行沉积相的识别与划分。通过野外剖面沉积相的识别和钻井岩心沉积相的划分，识别出陕北地区延长组长 9 油层组主要发育湖泊—三角洲沉积体系，并划分出 2 类沉积亚相、5 类沉积微相，其中，主要发育三角洲前缘亚相和浅湖亚相（表 4 –3）。

表 4 –3　陕北地区主要沉积相类型及其特征

沉积体系（相）	亚相	微相	发育特征	识别标志
三角洲	三角洲前缘	水下分流河道	有多级分流汇合作用	三角洲前缘沉积由中—细砂岩及粉砂岩组成，并夹泥岩，见槽状、板状交错层理、平行层理和沙纹交错层理，常具滑动变形层理、包卷层理和水平虫迹，含介形虫、叶肢介、瓣鳃类、鱼类化石及植物化石碎片
		席状砂	厚度较薄，砂质较纯	
		分流间湾	属于水下堤泛沉积，常见网状水下分流河道分隔	
湖泊	浅湖	浅湖	以沉积具有水平层理的暗色—深灰色泥岩、粉砂质泥岩或泥质粉砂岩为主	岩性粒度细，颜色多为灰绿色和灰色，常有鱼类、瓣鳃类、叶肢介和介形虫等，并见植物化石碎片。自然伽马曲线基本是低幅值，呈齿状，有较低的尖峰
		滩砂	薄层的细砂岩、粉砂岩等	

1. 三角洲前缘亚相

　　三角洲沉积体系在陕北地区所发育的亚相主要为三角洲前缘亚相，这是三角洲沉积的主体部分，系三角洲分流河道进入湖盆内的水下沉积，由水下分流河道、水下分流间湾、席状砂等微相组成，陕北地区在长 9 期主要发育三角洲前缘沉积，又可以细分为水下分流河道、分流间湾和席状砂 3 种微相。

　　1）水下分流河道微相

　　水下分流河道为三角洲平原分流河道的水下延伸部分，从岩性特征上看主要为含砾中砂岩、细砂岩。三角洲前缘水下分流河道是主体，其沉积与三角洲平原分流河道是继承性的,但由于水下河流受湖水阻滞,能量降低,携带的沉积物粒度较水上分流河道粒级细、颜色深。沉积构造主要有底部冲刷面、板状交错层理、槽状交错层理、平行层理及波状层理等。三角洲前缘水下分流河道砂体与一般河道类似,都呈上平下凸的透镜体,平面上呈朵状或鸟足状向湖内伸展。当其向湖盆进一步延伸时,将变浅、变宽,直至消失。水下分流河道沉积的特点是厚层的砂体与厚层的前三角洲泥岩或分流间湾泥岩相互叠置,形成特有的沉积序列。

三角洲前缘水下分流河道砂体的自然伽马曲线呈现较高的幅值,单一砂层由下至上略显正粒序,故自然伽马曲线的幅值向上逐渐降低,呈钟形、齿状钟形或箱形。薄层砂岩段自然伽马曲线呈指状或尖峰状。

2)分流间湾微相

分流间湾是水下分流河道之间与湖水相连的低洼地区。其环境比较闭塞,水动力弱,沉积物由灰色、深灰色、黑色的细碎屑物质和泥质组成,常形成泥质粉砂岩和粉砂质泥岩的互层,或泥岩中夹细砂岩和粉砂岩的条带或透镜体,发育水平层理和透镜状层理,见块状层理、沙纹层理及波状层理;见植物叶片、植物茎干化石及茎干印模。由于分流间湾水动力弱,平水期很少有沉积物的注入,因此,易于发育虫孔及生物扰动构造。洪水期,由于大量沉积物的注入,可以使动植物的遗体及遗迹快速埋藏并保存下来,因此,分流间湾沉积中常见植物碎片和动物的遗体及遗迹化石。在单井剖面上,分流间湾沉积常与水下分流河道密切共生,反复叠置。

由于分流间湾多为泥岩、粉砂质泥岩,其自然伽马曲线总体表现为低幅值,或呈锯齿状或小的尖峰状。

3)席状砂

席状砂由水下分流河道或河口坝砂岩经波浪改造而成,在三角洲前缘呈薄层席状展布,岩性为分选较好的细砂岩及粉砂岩,发育波状及小型交错层理。自然伽马曲线表现为中幅尖峰状或指状,厚度较小,介于0.5~2m之间。

2. 浅湖亚相

由于湖泊缺乏潮汐作用,波痕作用也比较微弱,所以在以湖泊为主要营力的滨岸地带多为低能环境,很少形成厚度较大的滨湖滩砂等砂质沉积。沉积物主要发育中—厚层状的粉—细砂岩与砂质泥岩互层,或为深灰色—灰黑色的粉砂质泥页岩,局部夹薄层状粉—细砂岩。泥岩中常含直立虫孔和较多的植物叶片化石。

泥岩中动物化石丰富，主要为介形虫和少量方鳞鱼鳞片。

第四节　湖岸线、半深湖—深湖界线的划分原则

湖岸线是相带划分中区分陆上沉积、水下沉积的一个重要界线，也是三角洲沉积体系中三角洲平原亚相与三角洲前缘亚相的相界线，它往往是一个动态的反复摆动的区带，因此，针对湖岸线的研究必须立足于大量的岩心观察和露头剖面的详细描述工作，为划相提供充足的依据。

1. 湖岸线划分原则

湖岸线位置主要按照以下几点依据确定：

（1）根土岩、煤层或煤线、硅化木、穿层分布的植物根系、大量杂乱分布的炭屑、植物化石等组合，为陆上的沉积标志。

（2）垂直虫孔主要分布在湖岸线附近。

（3）变形层理主要为水下沉积特征，可划归三角洲前缘和浅湖沉积。

（4）叶肢介、介形虫、鱼化石的发现，指示了湖泊沉积特征。

（5）陆上沉积主要为向上变细的正粒序，电位曲线多显示箱形、钟形，而水下沉积既有水下分流河道的正粒序沉积，同时也发育河口坝、远砂坝向上变浅、变粗的反粒序特色沉积序列，因此，常见到电位曲线呈漏斗形，或呈钟形与漏斗形相互叠加的组合特征。

（6）陆上三角洲平原亚相的砂体多为河道成因，常呈伸长带状分布，而水下三角洲前缘亚相的砂体多呈扇形、朵状、鸟足状展布，两者之间的"脖子"地带大致就是湖岸线的位置。

值得注意的是，在浅水三角洲沉积中，随着三角洲的快速进积或湖平面的相对下降，原来处于水下的、以河口砂坝为代表的三角洲前缘沉积体可以建造到湖平面以上而有利于陆生植物的生长。这在近代长江三角洲河口地区明显可见，将今论古，以此可以解释延长组三角洲前缘沉积物中为何常见植物的立生根迹。

2. 半深湖—深湖界线划分原则

半深湖—深湖区主要为缺氧静水的弱还原—还原沉积环境。在划分半深湖—深湖与三角洲前缘（或浅湖界线）的过程中，主要根据以下几点判识：

（1）半深湖—深湖区发育富含藻类有机质和湖生生物的油页岩、暗色泥岩，泥质纯净，基本不含或偶见陆生植物化石碎片，植物化石破碎程度高，细小。

（2）半深湖—深湖区复理石沉积发育。

（3）半深湖—深湖沉积物中常含有大量还原环境形成的自生黄铁矿。

（4）半深湖—深湖沉积发育丰富的包卷层理、泥火焰（火焰状构造）、透镜状层理、压扁层理。

（5）小型的瓣鳃类化石、鱼、鱼鳞、鱼牙齿化石往往代表较深水的沉积，大量的叶肢介、介形虫化石的发现指示为浅湖亚相沉积。

（6）半深湖—深湖区发育浊积岩，可以识别出"鲍玛序列"（许多不完整），砂岩主要为块状或平行层理、沙纹层理，以及缺乏牵引流作用形成的各种交错层理。

（7）半深湖—深湖沉积物中，砂岩底面常发育丰富的槽模、沟模、刷模等底模构造。

（8）延长组深湖，尤其是长 7、长 9 沉积具有高阻、高伽马特征。

第五节　沉积相连井剖面对比

沉积相连井剖面是沉积相在垂向空间的展布，以单井相分析为基础，参照陕北地区相界线的位置，选择了平行和垂直物源的两个方向，通过陕北地区内的 5 横、5 纵共 10 条连井剖面进行沉积相剖面对比，分析沉积相在横向和纵向的变化。

1. 沉积相连井横剖面

由北向南选取了新 22—新 77—新 202—新 79—新 80—化 125—王 502、元 44—新 66—高 14—高 16—杏 218—高 35—桥 7—桥 42、新 255—新 270—高 121—高 27—高 75—桥 29—桥 24、吴 436—高 40—高 80—高 135—高 81—午 40、高 73—桥 22—丹 158—丹 43 共 5 条东西向横切沉积砂体的连井剖面，这 5 条剖面大致垂直于由北至南的物源方向（图 4 - 14 ~图 4 - 18）。

这 5 条剖面情况基本一致，陕北地区在长 9 期发育三角洲前缘沉积，砂体主要为水下分流河道砂体，沿着物源方向呈由北至南展布。这 5 条剖面横切砂体，所以在连井对比图上显示的砂体横向连续情况较差，砂体呈孤立型。

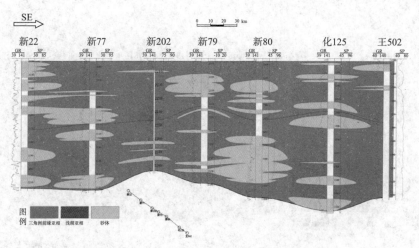

图4-14 陕北地区新22—王502井连井剖面图

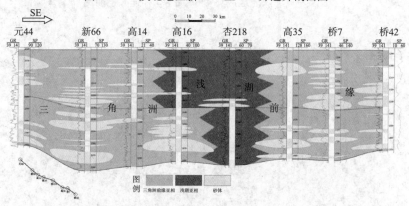

图4-15 陕北地区元44—桥42井连井剖面图

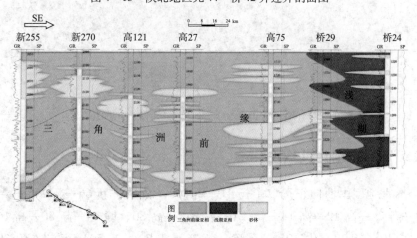

图4-16 陕北地区新255—桥24井连井剖面图

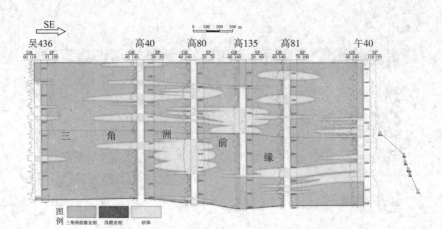

图 4-17　陕北地区吴 436—午 40 井连井剖面图

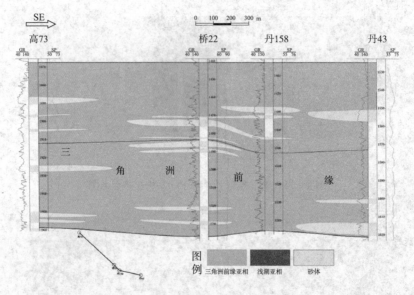

图 4-18　陕北地区高 73—丹 43 井连井剖面图

2. 沉积相连井纵剖面

在陕北地区由西向东选取了杨 41—新 202—新 59—新 66—新 255—吴 436、杨 33—新 79—高 12—高 14—新 270—新 312—高 80、镰 44—新 80—高 16—高 121—午 40—午 90、化 125—高 35—高 75—高 73、王 502—桥 7—桥 29- 丹

158—丹49共5条南北向顺沉积砂体展布的连井剖面，这5条剖面大致平行于由北至南的物源方向（图4-19~图4-23）。

这5条剖面沿着物源方向呈由北至南展布，因此，剖面中水下分流河道砂体连通情况较好，砂体连通较稳定。

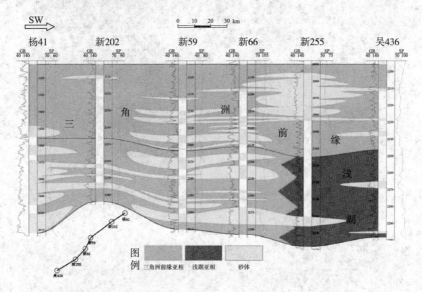

图4-19　陕北地区杨41—吴436井连井剖面图

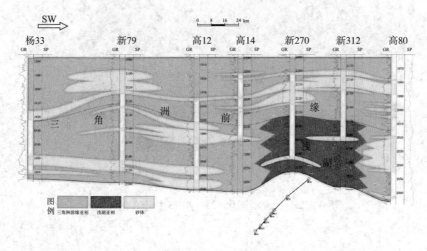

图4-20　陕北地区杨33—高80井连井剖面图

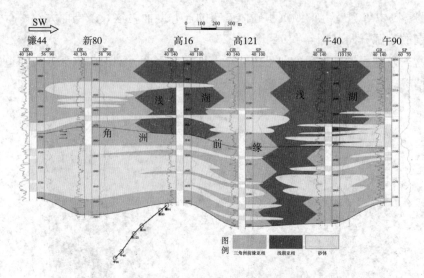

图 4-21　陕北地区镰 44—午 90 井连井剖面图

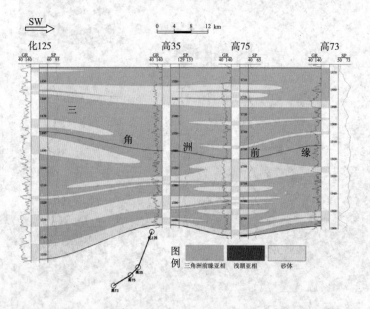

图 4-22　陕北地区化 125—高 73 井连井剖面图

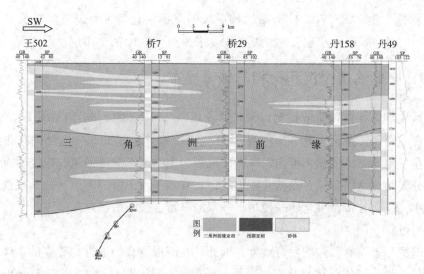

图 4-23　陕北地区王 502—丹 49 井连井剖面图

第六节　沉积相带和砂体展布

在地层特征、轻重矿物分析、古流向认识的基础上，通过对砂体厚度、砂地比值的统计，采用优势相编图法编制了陕北地区长 9 油层组及其两个油层段的沉积相图。需要说明的是，沉积相图只是反映的各个不同时期，也就是说一定时间跨度内，不同位置砂体的垂向叠置效应的影响范围，常在表面上形成砂体呈较宽带状或席状分布的夸大外形，而它实际反映的是该时间段内发育的河道砂体总的侧向迁移活动范围，不代表单个砂体的宽度，只是说明优势相出现的频率。它们的地质意义在于能够通过砂体类型、累计厚度、砂地比值的变化和产状的变化，识别砂体连续或较连续叠置发育的程度，以及呈稳定或较稳定带状、分支状、交织状分布的河道、水下分流河道主体位置和河道与河道间沉积交替发育的过渡区。了解这一特点对认识油田有利储集体和油气勘探开发，预测储层发育位置、部署井位，提高储层预测的精度和勘探成功率都有意义。

陕北地区延长组长 9 油层组的沉积相特征，以三角洲与滨浅湖相为主。三角洲骨架相为三角洲前缘水下分流河道微相。各沉积相在平面上基本呈带状展布，而砂体的发育情况则完全受控于沉积相的展布特征。陕北地区长 9 期主要发育东北向的曲流河三角洲前缘砂体。目的层是长 9 油层组以及长 9_2、长 9_1 两个油层段，为了精细刻画长 9_2、长 9_1 两个油层段的沉积演化特征，进一步将长 9_2 划分为长 9_2^1、长 9_2^2 两个小层，将长 9_1 细分为长 9_1^1、长 9_1^2 两个小层。

1. 长 9_2 油层组沉积微相与砂体展布

长 9_2 期受物源控制的影响，陕北地区北部大面积发育三角洲前缘沉积，西南部发育小面积三角洲前缘沉积。水下分流河道整体上呈北东—南西向条带状展布。在三角洲前缘沉积相带内，以砂质沉积为主的水下分流河道与以泥质沉积为主的分流间湾纵横交错，在陕北地区北部发育多条水下分流河道，长 9_2 期浅湖面积较小，主要分布在吴仓堡—楼坊坪—双河一带，呈喇叭状向东南方向开口（图 4-24）。

沉积相带控制砂体的发育程度，因此，在河道发育的地方，相应的砂体也发育。长 9_2 期，砂体总体呈北东—南西向展布，表现出北部砂体与西南砂体向陕北地区中下部汇聚的形态。在陕北地区西北部砂体整体上较厚，厚度主要为 15~40m。砂体沿以下几个井区呈连片状发育：陕 377—镰 271—镰 140 井井区，陕 259—杨 33—新 80 井井区，杨 38—陕 396—新 60 井井区，新 49—新 40—胡 159 井井区；其余地区呈条带状展布，砂体厚度主要为 5~20m，陕北地区中下部吴仓堡—楼坊坪—纸坊—双河一带砂体厚度小于 5m，砂体发育较差（图 4-25）。

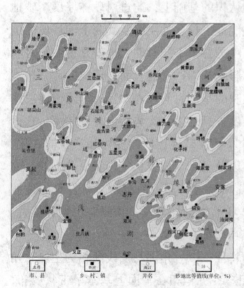

图 4-24 陕北地区长 9_2 沉积相图

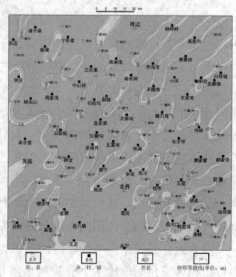

图 4-25 陕北地区长 9_2 砂厚图

1）长 $9_2{}^2$ 油层段沉积相与砂体展布

长 $9_2{}^2$ 时期沉积相的发育基本继承了长 9_2 期的沉积格局，北部大面积发育三角洲前缘沉积，西南部发育小面积三角洲前缘沉积。水下分流河道整体上呈北东—南西向条带状展布，河道发育均匀，宽度为 $6\sim10\mathrm{km}$（图 4 – 26）。

砂体的展布也主要是对沉积相展布的承接，砂体总体呈北东—南西向展布，表现出北部砂体与西南砂体向陕北地区中下部汇聚的形态。砂体主要在以下几个井区呈连片状发育：陕 259—陕 254 井井区，杨 38—陕 396—新 61—新 77 井井区，定 23—安 25—胡 159 井井区，镰 30—新 80 井井区，新 82—新 281 井井区（图 4 – 27）。

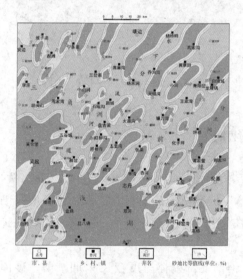

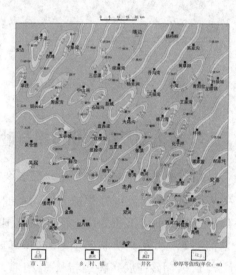

图 4 – 26　陕北地区长 $9_2{}^2$ 沉积相图　　　　图 4 – 27　陕北地区长 $9_2{}^2$ 砂厚图

2）长 $9_2{}^1$ 油层段沉积相与砂体展布

长 $9_2{}^1$ 期沉积相的发育和长 $9_2{}^2$ 时期基本类似，但是范围和规模局部发生变化，砂体的厚度和宽度减小。水下分流河道整体上呈北东—南西向条带状展布。分流间湾面积增大，在陕北地区北部发育多条水下分流河道，河道宽度为 $8\sim10\mathrm{km}$（图 4 – 28）。

砂体的发育较前期也有萎缩，总体呈北东—南西向展布，厚度在 $7.5\sim12.5\mathrm{m}$ 左右，主要在以下几个井区连片状发育：陕 256—陕 105 井井区，陕 259—杨 34—镰 30—新 80 井井区，陕 78—杨 41 井井区，新 82—新 281 井井区（图 4 – 29）。

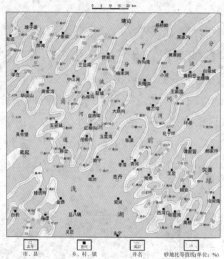
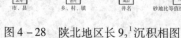
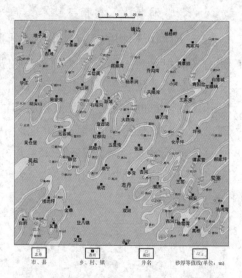

图 4 - 28　陕北地区长 9_2^1 沉积相图

图 4 - 29　陕北地区长 9_2^1 砂厚图

2. 长 9_1 油层组沉积微相与砂体展布

长 9_1 期沉积格局基本上继承了长 9_2 期的特点，但该时期发生了盆地沉降和较大规模的湖侵，湖区面积扩大，湖水加深，浅湖沉积范围有所扩张。北部地区仍然以三角洲前缘沉积为主，浅湖的范围在吴仓堡—吴起—吴堡—张渠—志丹—砖窑湾一带，并呈喇叭状向东南方向开口（图 4 - 30）。

长 9_1 期砂体展布特点与长 9_2 相似，但西北部砂体厚度较长 9_2 期减薄，砂体厚度主要分布在 10 ~ 25m，其余地区砂体厚度主要分布在 5 ~ 15m（图 4 - 31）。

1）长 9_1^2 油层段沉积相与砂体展布

长 9_1^2 期沉积相的发育比前期变化大，水下分流河道整体上呈北东—南西向条带状展布，分流间湾的范围和规模都比前期扩大不少，河道进一步萎缩。东北部河道较长 9_2 期变窄，宽度为 5 ~ 7.5km。西北部水下分流河道较发育（图 4 - 32）。

长 9_1^2 期砂体展布变化与沉积相类似，东北部砂体宽度较前期明显减小。主要在以下几个井区呈连片状发育：陕 319—新 77—新 62 井井区，安 28—新 22—新 42 井井区（图 4 - 33）。

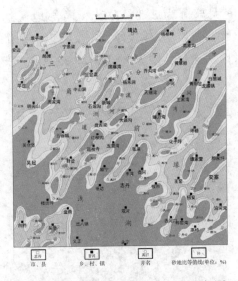

图 4-30　陕北地区长 9_1 沉积相图

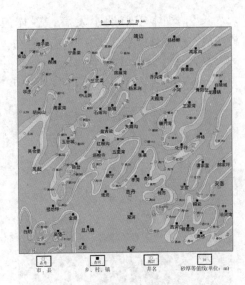

图 4-31　陕北地区长 9_1 砂厚图

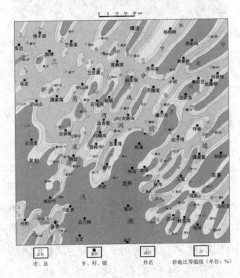

图 4-32　陕北地区长 9_1^2 沉积相图

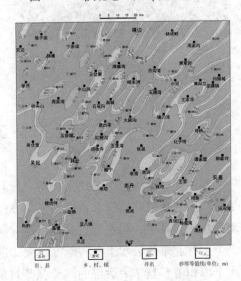

图 4-33　陕北地区长 9_1^2 砂厚图

2）长 9_1^1 油层段沉积相与砂体展布

长 9_1^1 期沉积相较前期变化最明显，该时期发生了盆地沉降和较大规模的湖侵，湖区面积扩大，湖水加深，浅湖沉积范围有所扩张，局部发育半深湖沉积，半深湖主要范围在双楼—西河口。水下分流河道整体上呈北东—南西向条带状展布，砂地比值平均为 10% ~ 30%，西北与东北局部地区为 30% ~ 50%（图 4-34）。

59

长 9_1^1 砂体较前期不发育，砂体厚度大部分为 2.5～7.5m，局部地区达 12.5m。砂体总体呈北东—南西向展布，西北部砂体整体较厚。主要在以下几个井区呈连片状发育：陕 377—陕 230—化 117 井井区，陕 319—安 123 井井区，安 28—新 22 井井区（图 4-35）。

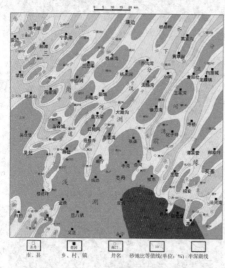

图 4-34 陕北地区长 9_1^1 沉积相图

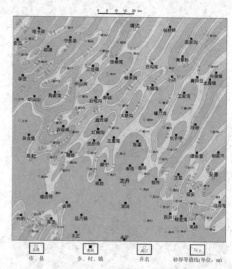

图 4-35 陕北地区长 9_1^1 砂厚图

第七节 沉积相模式

鄂尔多斯盆地上三叠统延长组发育有两种地层样式不同的湖泊三角洲：一种是进积序列较完整的深水盆地型三角洲；另一种是缺乏完整进积序列的浅水台地型三角洲。其中，深水型三角洲是在有巨厚深水泥岩及低密度浊积岩的深盆地背景上发育起来的，水下沉积厚度较大，进积相的序列保存较好；而浅水型三角洲水下沉积薄，且常为后继的河流强烈冲刷，进积序列常常不完整。多数情况下，分流河道砂体直接与湖相、分流间湾泥岩呈冲刷接触，垂向相序往往不完整。

浅水台地型三角洲的典型特征是河口坝不发育，水下分流河道构成三角洲前缘的骨架砂体。之所以少见，是因为河流进入平坦安静的浅水环境，所携带的沉积物快速推进，不能形成较厚的河口坝沉积，即使形成也通常为水下分流河道冲刷贻尽。所以经常见到水下分流河道砂体与湖相泥岩直接呈冲刷接触，而缺乏河口坝沉积作为过渡。偶尔在冲刷不太强烈的情况下留有薄的残余。岩性以粉砂质泥岩及粉砂岩与下伏湖相页岩渐变，底部粉砂质泥岩及粉砂岩中具沙纹层理及包卷层理，向上粉细砂岩具水平波状纹层，至顶部可见中—小型槽状交错层理，构成反旋回。

延长组长 9 期沉积时，来自大青山地区太古界乌拉山群、二道沟群的深变质结晶片岩、片麻岩的碎屑，主体发育的曲流河三角洲平原，在陕北地区的浅水湖盆边缘向湖盆中心进积，由于水体较浅，坡度较缓，水下坡折带坡度较小（水下坡折带即水下沉积斜坡具明显突变的地带），形成缓坡型三角洲。根据形成该三角洲的河流性质和形成条件，其称为曲流河三角洲。

本区的浅湖主要是一套深灰色泥岩、粉砂质泥岩夹薄层状粉砂层。泥岩呈块状，少数具不清晰的水平纹理，含瓣鳃类等淡水动物化石，生物扰动强烈。砂岩及粉砂岩基底截然，层面有流水或浪成波痕，内部显交错纹层。长 9 油层组三角洲前缘很少见到河口坝沉积，水下分流河道砂体往往直接位于湖相泥岩之上，或者因为河流改道，水下分流河道砂体直接位于分流间湾泥岩之上，二者呈冲刷接触（图 4 - 36）。水下分流河道一般为单个的沉积体，但有的因河流冲刷侵蚀较强而使几个河道的沉积在垂向上叠置。在河道砂岩底部常含泥砾。另外，在水下分流河道的顶部，有薄层的水下天然堤沉积，同时伴随有薄层的水下决口扇沉积。

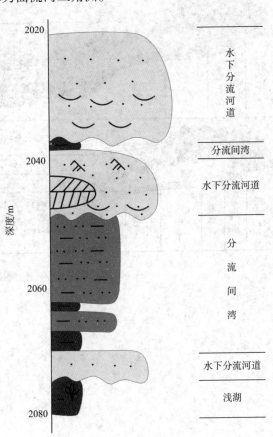

图 4 - 36　陕北地区三角洲前缘沉积序列

三角洲沉积序列如果其上发育第二旋回的三角洲，那么这种三角洲将是浅水型。也就是说，在大型湖盆中，随着湖盆的充填作用，三角洲体系在时间上和空间上往往存在着规律的演化趋势。一般说来，三角洲体系在时间上往往从深水型向浅水型转变，在空间上则从浅水型向深水型过渡。

根据以上分析，认为陕北地区延长组沉积时，整体水体较浅，三角洲直接在浅水背景上发展起来，主要为浅水台地型三角洲沉积，水下分流河道沉积发育，河口坝沉积不发育或者以废弃相部分保存，整体地形平缓，没有形成深水盆地型三角洲的足够的时间及空间条件，或者说来不及充分发育这种三角洲，因此，陕北地区仍然以浅水台地型三角洲为主（图4-37）。

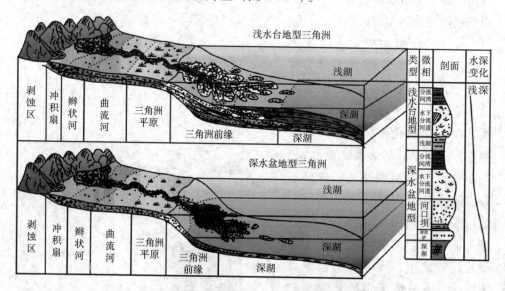

图4-37　陕北地区三角洲前缘沉积模式

第五章 储层基本特征

油气储层的基本特征研究是油气储层评价与预测、油田开发与调整等工作的基础。本章分别从储层岩石学特征和储层物性特征两个方面分析鄂尔多斯盆地陕北地区长 9 油层组储层基本特征。通过铸体薄片观察、扫描电镜观察、粒度分析及物性分析等实验方法与技术，重点分析长 9 砂岩储层所发育的岩石类型及碎屑成分含量，填隙物类型及分布形态以及砂岩粒度、分选、磨圆等结构特征；量化分析储层砂岩孔隙度、渗透率参数等储层物性特征；最后，对储层非均质性程度进行了分析，为深入研究储层微观孔喉结构特征、成岩作用特征、微观渗流特征及储层评价等问题提供了基础。

第一节 储层岩石学特征

1. 岩石类型及碎屑成分

通过对选自鄂尔多斯盆地陕北地区长 9 储层的 180 块砂岩样品进行显微镜下薄片观察、统计分析，采用四组分三端元三角形图解方法对砂岩岩石类型进行分类划分，确定陕北地区长 9 储层所发育的岩石类型主要为岩屑长石砂岩（图 5-1），所占含量平均为 53.26%；其次为长石砂岩和长石岩屑砂岩，所占含量平均分别为 25% 和 21.74%（图 5-2）。

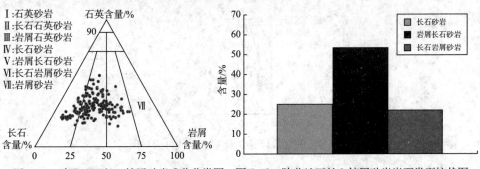

图 5-1 陕北地区长 9 储层砂岩成分分类图　　图 5-2 陕北地区长 9 储层砂岩岩石类型柱状图

　　其中，107 块长 9_1 段砂岩样品，主要的岩石类型为岩屑长石砂岩（图 5–3），含量平均为 57.5%；其次为长石岩屑砂岩和长石砂岩，含量平均分别为 23.6% 和 18.9%。73 块长 9_2 段砂岩样品，主要的岩石类型为岩屑长石砂岩（图 5–4），含量平均为 49.3%；其次为长石砂岩和长石岩屑砂岩，含量平均分别为 35.6% 和 15.1%。

　　陕北地区长 9 储层砂岩的碎屑成分含量为 68%~97%，平均为 84.79%；成分成熟度较低，其中，长石含量最高，占碎屑成分的 19.77%~69.43%，平均为 43.3%；石英在碎屑成分中含量为 16.22%~73.58%，平均为 33.5%，主要为单晶石英，可见石英次生加大发育；岩屑含量最少，占碎屑成分的 0~52.74%，平均为 23.2%；岩屑以云母和千枚岩、板岩、片岩等变质岩岩屑为主。长 9_1 段砂岩长石含量占碎屑成分的 38.5%，石英含量平均为 33.6%，岩屑含量平均为 27.9%；长 9_2 段砂岩长石含量占碎屑成分的 48.0%，石英含量平均为 29.9%，岩屑含量平均为 22.1%。长 9_2 段砂岩长石含量较长 9_1 段有所增加，岩屑含量相对减少。

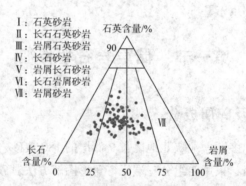

图 5–3　陕北地区长 9_1 储层砂岩成分分类图

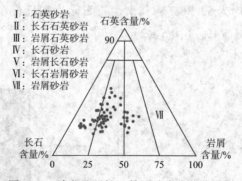

图 5–4　陕北地区长 9_2 储层砂岩成分分类图

2. 填隙物特征

1）填隙物类型及含量

显微镜下薄片观察显示，陕北地区长9储层填隙物组分主要包括黏土矿物、碳酸盐胶结物、硅质胶结物，含量平均可达13.87%，种类较多，其中主要包括绿泥石、伊利石、浊沸石、铁方解石、方解石和硅质等（表5-1，图5-5）。其中，绿泥石占2.79%，伊利石占2.27%，浊沸石占2.02%，铁方解石占2.85%，方解石占1.94%，硅质占1.39%，高岭石占0.13%。

表5-1 陕北地区长9储层填隙物组分表

层位	绿泥石含量/%	伊利石含量/%	浊沸石含量/%	高岭石含量/%	铁方解石含量/%	方解石含量/%	硅质含量/%	其他组分含量/%	总量/%
长9	2.79	2.27	2.02	0.13	2.85	1.94	1.39	0.48	13.87
长9$_1$	2.38	2.62	1.31	0.23	3.11	2.15	1.38	0.55	13.73
长9$_2$	3.33	1.71	2.97	0.01	2.55	1.68	1.42	0.38	14.05

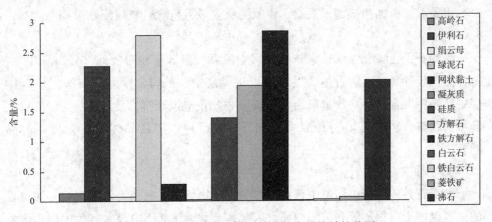

图5-5 陕北地区长9储层填隙物含量统计柱状图

长9$_1$段主要填隙物组分为伊利石、绿泥石、浊沸石、铁方解石、方解石和硅质等；长9$_2$段主要填隙物组分为绿泥石、浊沸石、伊利石、铁方解石、方解石和硅质。

（1）黏土矿物。

填隙物组分中黏土矿物种类多样，形态不同，对储层的影响作用很大，众学者已认识到黏土矿物的重要性，对其形态、产状、形成原因及其对储层造成的影响做出了系列研究。参考前人科研成果，针对陕北地区黏土矿物特征进行了分析。根据铸体薄片鉴定资料和扫描电镜观察，得知陕北地区长9储层砂岩中黏土矿物类型主要有绿泥石、伊利石、高岭石和伊蒙混层。

绿泥石：是陕北地区长9储层砂岩中普遍存在、含量最高的黏土矿物之一，绝对含量为0.2%~13%，平均为2.79%。在长9_1储层中含量平均为2.38%，长9_2储层中含量平均为3.33%。铸体薄片观察和扫描电镜观察显示，绿泥石大多以胶结物的形式出现，形态多为薄膜状、环边状发育于岩石颗粒表面，或者呈叶片状充填于粒间孔隙中，且发现表面有绿泥石薄膜发育的颗粒之间粒间孔隙发育明显〔图5-6 (a)、(b)〕，这与薄膜环边状存在的绿泥石胶结物对储层储集性能产生的积极影响有关。

伊利石：在陕北地区长9储层砂岩中较为常见，且分布均匀，平均含量为2.27%。长9_1储层中含量平均为2.62%，长9_2储层中伊利石含量低于长9_1储层含量，平均为1.71%。据扫描电镜观察，伊利石呈毛发状、卷曲片状、搭桥状等发育于颗粒表面或者孔隙喉道间，破坏储层孔隙，降低储层渗透率〔图5-6 (c)、(d)〕，主要发育于三角洲前缘沉积中。

伊蒙混层：据扫描电镜观察，伊蒙混层多呈毛毡状、充填于孔隙间〔图5-6 (e)〕。

高岭石：在陕北地区长9储层砂岩中发育，但含量相对较低，分布不均匀，薄片鉴定统计显示高岭石主要发育于长9_1储层中，平均含量为0.23%，长9_2储层中几乎不发育，平均含量仅为0.01%。据扫描电镜观察，最常见的为呈蠕虫状和书页状集合体，充填于孔隙中〔图5-6 (f)〕，矿物晶体中发育良好的晶间孔。

（2）浊沸石。

浊沸石并非延长组储层中普遍发育的填隙物类型。据相关研究表明，浊沸石的形成受控于沉积物源和沉积微相，因此，受盆地北部阴山地区富含火山碎屑及斜长石碎屑的物源影响，在鄂尔多斯盆地陕北地区延长组，尤其是长6、长9、长10等部分层位的水下分流河道砂体中浊沸石有明显发育。在陕北地区长9储层中同样较为发育，平均含量可达2.02%，是该区极具特色的一种填隙物类型。

镜下观察显示主要以胶结物的形式发育，呈孔隙充填式发育于粒间孔隙内，部分胶结交代长石颗粒。不同于陕北地区长6储层中浊沸石大量溶蚀，形成的溶蚀孔隙作为富油区的主力储集空间，长9储层仅部分浊沸石发生溶蚀，少量发生明显溶蚀，形成次生粒间溶蚀孔隙，大部分以胶结物充填形式破坏原始孔隙（图

(a)白407井，2254.4m，长9₁储层，环边状绿泥石薄膜发育于碎屑颗粒表面，单偏光，10×10

(b)桥19井，1449.6m，长9₁储层，扫描电镜下叶片状绿泥石膜发育于碎屑颗粒表面，2000×

(c)吴436井，2278.4m，长9₁储层，伊利石充填于粒间孔隙中，单偏光，20×10

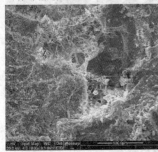

(d)白407井，2254.4m，长9₁储层，发丝状伊利石，800×

(e)高105井，2209.4m，长9₂储层，毛毡状伊蒙混层，800×

(f)高116井，1746m，长9₁储层，扫描电镜下书页状高岭石，5000×

图5-6　陕北地区长9储层砂岩中主要黏土矿物照片

5-7）。这与浊沸石溶蚀机理有关：浊沸石的大量溶蚀受到烃源岩生烃前脱羧化形成的有机酸作用，长6储层受下伏长7储层烃源岩地层影响较大，因此溶蚀现象明显，而长9储层较长7储层优质烃源岩距离远，有机酸运移通道长，仅受长9储层烃源岩的影响，长9储层烃源岩较长7储层烃源岩厚度较小，范围较小，且生烃潜力相对较小，这是长9储层中浊沸石仅少部分溶蚀的主要原因。并且据数据统计，浊沸石在长9₂储层含量平均为2.97%，在长9₁储层含量平均为1.31%，说明浊沸石主要发育于长9₂储层中，这也与烃源岩的距离有关，长9₂储层距烃源岩的运移距离更大，其浊沸石胶结物得以更好的保留。

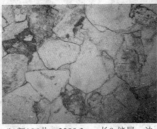

(a)安28井，2116.8m，长9₁储层，浊沸石胶结，弱溶蚀，单偏光，10×10

(b)新106井，2280.3m，长9₁储层，浊沸石胶结，几乎未溶蚀，单偏光，10×10

(c)午107井，长9₂储层，未发生溶蚀的浊沸石胶结，正交偏光，4×10

图5-7　陕北地区长9储层砂岩浊沸石胶结物照片

（3）碳酸盐胶结物。

碳酸盐胶结物是陕北地区含量相对较高的一种填隙物，主要包括铁方解石和方解石，另外还有少量的白云石、菱铁矿等。据显微镜下铸体薄片观察和扫描电镜观察，碳酸盐胶结物主要以孔隙充填形式和交代碎屑颗粒的形式存在（图5－8）。碳酸盐胶结物的发育破坏储层储集性能，使储层致密化。

(a)高116井，1747.3m，长9₁储层，铁方解石胶结程度高，单偏光，10×10

(b)桥19井，1450.1m，长9₁储层，方解石胶结物充填孔隙，单偏光，4×10

图5－8　陕北地区长9储层砂岩碳酸盐胶结物照片

（4）硅质胶结物。

陕北地区硅质胶结物主要以石英次生加大形式和自生石英微晶颗粒形式存在，石英含量相对较低，硅质胶结物所占含量也相对较少。扫描电镜和显微镜下薄片观察可见，自生石英主要以单晶形式发育于颗粒间孔隙中，通常晶型完整且洁净；石英次生加大常见Ⅰ～Ⅱ级，充填于孔隙之间（图5－9），加大边呈不规则的锯齿状、环带状。对陕北地区储层物性起破坏性作用。

(a)新77井，2121m，长9₂储层，石英次生加大，正交偏光，20×10

(b)白407井，2264.5m，长9₁储层，石英次生加大，单偏光，10×10

图5－9　陕北地区长9储层砂岩硅质胶结物照片

2）主要填隙物平面分布特征

根据不同井所取样品统计主要填隙物的含量，分别绘制陕北地区绿泥石、浊沸石、碳酸盐胶结物含量平面分布图（图5-10~图5-14），对陕北地区主要的填隙物进行平面分布特征分析，为后文成岩相划分提供一定指导。由于浊沸石主要发育于长 9_2 储层中，在长 9_1 储层中分布范围局限性大，因此仅绘制长 9_2 储层平面分布图。可见，绿泥石在陕北地区全区几乎均有分布，主要发育于长 9_1 和长 9_2 储层三角洲前缘水下分流河道中。

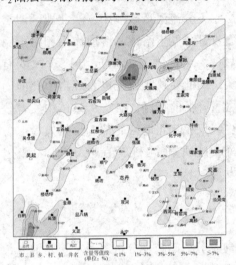

图5-10　陕北地区长 9_1 储层绿泥石
平面分布图

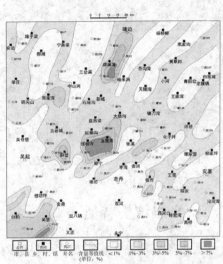

图5-11　陕北地区长 9_2 储层绿泥石
平面分布图

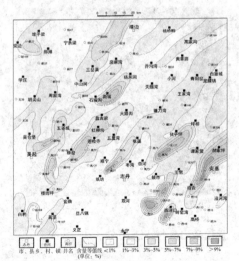

图5-12　陕北地区长 9_1 储层碳酸盐胶结物
平面分布图

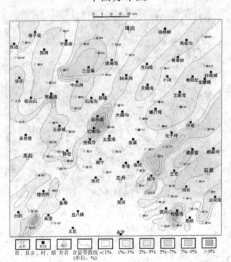

图5-13　陕北地区长 9_2 储层碳酸盐胶结物
平面分布图

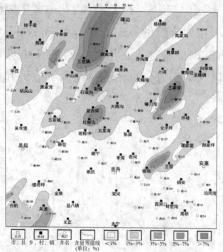

图 5-14 陕北地区长 9_2 浊沸石胶结物平面分布图

碳酸盐矿物主要发育于陕北地区三角洲前缘水下分流河道砂体侧翼以及水下分流河道砂体末端，且南部长 9_1 储层的含量大于长 9_2 储层，这与长 9_1 储层水体加深有关。浊沸石主要发育在长 9_2 储层水下分流河道砂体中，陕北地区浊沸石仅部分发生溶蚀，溶蚀作用相对不明显；由于浊沸石的形成与长石蚀变有关，因此在陕北地区也表现出由北向南含量降低的特点；在长 9_1 砂体中发育较少，仅在陕北地区北部有少量发育。另外，硅质和伊利石在陕北地区普遍发育。

3. 砂岩结构特征

通过砂岩样品手标本观察、显微镜下薄片分析、粒度分析，确定陕北地区长 9 储层砂岩颜色多为灰绿色和灰白色（图 5-15），砂岩粒度以细砂为主，中砂次之，且长 9_2 段砂岩较长 9_1 段砂岩粒度更细（图 5-15、图 5-16）。

(a)高75井，长 9_1 储层，1721.22m，灰绿色细砂岩

(b)新77井，长 9_2 储层，2121m，灰白色中砂岩

图 5-15 陕北地区长 9 储层砂岩颜色特征

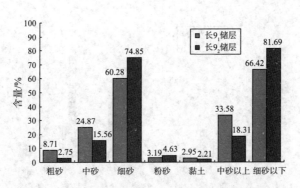

图 5 - 16 陕北地区长 9 储层砂岩粒级分布直方图

长 9₁ 段主要粒径范围为 0.15 ~ 0.6mm，平均最大粒径为 0.59mm；分选性以中等为主，占砂岩样品的 71.7%（图 5 - 17）；磨圆度主要为次棱角状，占砂岩样品的 72.6%（图 5 - 18）；胶结类型以孔隙式和薄膜—孔隙式胶结为主，分别占砂岩样品的 45.3% 和 15.1%（图 5 - 19）；颗粒接触类型以线、点—线接触为主；支撑方式多为颗粒支撑。

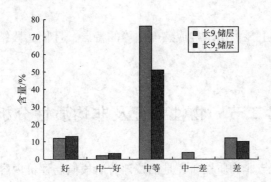

图 5 - 17 陕北地区长 9 储层砂岩分选性分布直方图

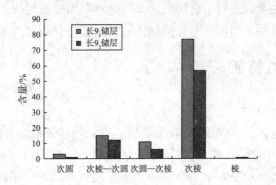

图 5 - 18 陕北地区长 9 储层砂岩磨圆度分布直方图

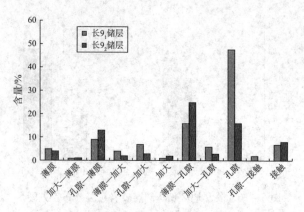

图 5 - 19 陕北地区长 9 储层砂岩胶结类型分布直方图

长 9$_2$ 段主要粒径范围为 0.15~0.6mm，平均最大粒径为 0.59mm；分选性以中等为主，占砂岩样品的 66.2%；磨圆度主要为次棱角状，占砂岩样品的 74.0%；主要的胶结类型包括薄膜—孔隙式、孔隙式和孔隙—薄膜式，分别占砂岩样品的 32.5%、20.8% 和 16.9%；颗粒接触类型以线、点—线接触为主；支撑方式多为颗粒支撑。

长 9 储层整体上显示出结构成熟度中等的特点，且长 9$_1$ 段结构成熟度略高于长 9$_2$ 段。

第二节 物性特征及非均质性分析

储层物性特征与非均质性研究是油藏评价阶段储层评价内容中宏观特征研究的重要部分。储层物性是储层储集性能的直观反映，通常用孔隙度、渗透率参数衡量。对储层物性参数进行定量研究，分析物性平面展布规律，对于进一步研究储层的沉积相、储层非均质性、孔隙结构、储层综合分类评价等具有重要意义。

1. 储层物性特征

1）岩心分析物性特征

通过对陕北地区长 9 储层 3000 余块岩心进行物性分析实验统计（表 5 - 2），发现陕北地区长 9$_1$ 储层孔隙度分布范围为 0.25%~16.84%，频率分布主要为 4%~12%，集中分布在 6%~12%，平均孔隙度为 9.25%（图 5 - 20）；长 9$_1$ 渗透率主要分布在 (0.1~0.3) × 10^{-3} ~ (1~10) × 10^{-3} μm^2，平均渗透率为 2.86 ×

$10^{-3}\mu m^2$ （图 5 – 21）。

表 5 – 2　陕北地区长 9_1、长 9_2 储层物性参数统计表

层名	样品数	孔隙度/%	渗透率/ $\times 10^{-3}\mu m^2$
长 9_1	830	（1.5 ~ 16.84）/9.25	（0.1 ~ 73.85）/2.86
长 9_2	1005	（2.72 ~ 14.7）/8.74	（0.1 ~ 35.69）/0.6

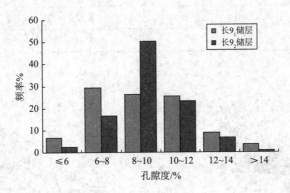

图 5 – 20　陕北地区长 9 储层孔隙度分布频率图

长 9_2 储层孔隙度分布范围为 0.51% ~ 14.7%，频率分布主体集中于 6% ~ 12%，长 9_2 平均孔隙度为 8.74% （图 5 – 20）；长 9_2 渗透率峰值分布在 0.1 × 10^{-3} ~ 0.3 × $10^{-3}\mu m^2$，平均渗透率为 0.6 × $10^{-3}\mu m^2$ （图 5 – 21）。

陕北地区长 9 储层具有低孔、低渗特点，且长 9_1 段储层物性优于长 9_2 段，尤其体现在渗透率值上。

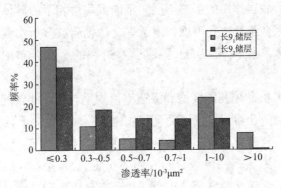

图 5 – 21　陕北地区长 9 储层渗透率分布频率图

2）孔渗相关性分析

通过对陕北地区长 9 储层岩心样品分析物性数据作孔隙度和渗透率相关性对

比图得知（表5-3，图5-22）：陕北地区长9_1储层段的相关性方程为$y = 0.0022e^{0.5375x}$，相关性系数$R = 0.7812$；长9_2段的相关性方程为$y = 0.0067e^{0.3925x}$，相关性系数$R = 0.6289$。结果显示出高孔隙度对应高渗透率，两者具有明显的正相关性。

表5-3　陕北地区长9_1、长9_2储层物性相关性参数统计表

统计名称	相关性方程	相关性系数	数据点
长9_1储层	$y = 0.0022e^{0.5375x}$	$R = 0.7812$	1540
长9_2储层	$y = 0.0067e^{0.3925x}$	$R = 0.6289$	1453

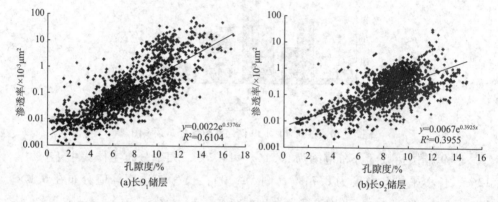

图5-22　陕北地区长9_1、长9_2储层孔隙度—渗透率关系图

3）物性的平面展布

由于受沉积、成岩作用的影响不同，不同沉积微相下的砂体物性特征有明显不同。参考测井综合解释中孔隙度、渗透率，依据岩心分析实测孔隙度、渗透率数据，绘制出长9_1和长9_2储层的孔隙度、渗透率的平面分布图（图5-23～图5-26）。

陕北地区长9_1段砂体孔隙度值和渗透率值均呈与沉积相带相似的北东—南西向条带状展布，说明孔渗发育情况受沉积作用控制较明显。孔渗高值区基本沿水下分流河道砂体发育的方向展布。孔隙度高值区分布于水下分流河道主砂体上，平面分布较均匀。渗透率高值区分布在水下分流河道主砂带中部，且分布不均匀，主要集中在陕北地区西北部、东南部及西南部小面积范围内。

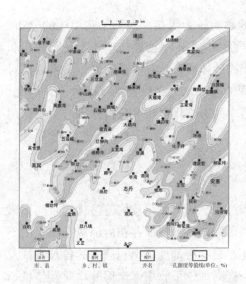

图 5-23　陕北地区长 9_1 储层孔隙度平面图

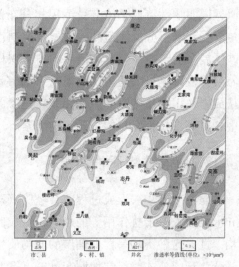

图 5-24　陕北地区长 9_1 储层渗透率平面图

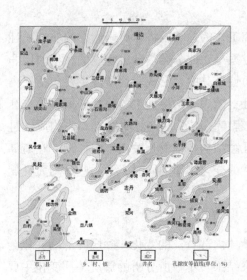

图 5-25　陕北地区长 9_2 储层孔隙度平面图

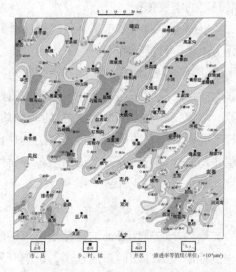

图 5-26　陕北地区长 9_2 储层渗透率平面图

陕北地区长 9_2 段砂体孔隙度及渗透率整体形态依然受沉积相带控制，呈北东—南西向条带状展布。孔隙度平面分布较均匀，高值区面积范围较大。但渗透率平面分布不均匀性明显，高值区主要发育于陕北地区中部、水下分流河道主砂带的中心位置，北部、东南部和西南部高值区范围很小。

由此可知，长 9 各层段物性平面分布整体形态与沉积微相平面展布形态相

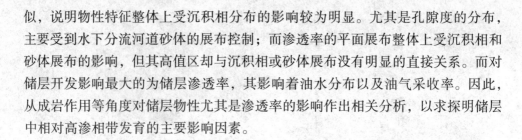

似，说明物性特征整体上受沉积相分布的影响较为明显。尤其是孔隙度的分布，主要受到水下分流河道砂体的展布控制；而渗透率的平面展布整体上受沉积相和砂体展布的影响，但其高值区却与沉积相或砂体展布没有明显的直接关系。而对储层开发影响最大的为储层渗透率，其影响着油水分布以及油气采收率。因此，从成岩作用等角度对储层物性尤其是渗透率的影响作出相关分析，以求探明储层中相对高渗相带发育的主要影响因素。

2. 储层非均质性研究

含油气储集层形成过程中会经历沉积过程、成岩演化及构造演化等自然因素和形成后人工干扰作用等的影响，造成储集体的各种特征存在内部或空间上的不均一性。这种不均一性即储层的非均质性。只有清楚地认识到储层的各种特征及其变化规律，才能科学地制定开发方案，提高油气采收率。储层非均质性特征影响储层质量的好坏，与油气储量、产量息息相关，因而其相关研究是勘探开发方案制定的重要依据。

根据裘亦楠等多年来对我国储层研究工作的总结，将碎屑岩储层的非均质性分为 4 类。目前行业内普遍采用的分类方案是在此分类基础上建立的，将储层非均质性划分为宏观非均质性和微观非均质性。其中，宏观非均质性主要包括层内非均质性、层间非均质性和平面非均质性；微观非均质性主要包括碎屑颗粒、孔隙、喉道及砂岩内部填隙物等 的非均质程度。本章重点对储层宏观非均质性进行了分析。微观非均质性将在储层微观孔隙结构特征的相关内容中体现。在对储层非均质性进行研究，总结储层各种属性的变化规律的同时，对一些非均质性属性参数进行定量化计算。

1) 层内非均质性特征

层内非均质性表征的是储层内单一砂体内部特征的变化。砂层内部的变化会直接控制该套砂层的渗流性质，影响开发结果。本章所分析的储层特征变化主要表现在粒度韵律、渗透率韵律和渗透率非均质程度等方面，故而研究层内非均质性的目的是探究沉积作用对储层特征非均质程度的影响作用。

（1）粒度韵律和渗透率韵律。

粒度韵律指单层砂体内部碎屑颗粒的粒度体现在垂向分布上的变化，有正韵律、反韵律、复合韵律和均质韵律之分。渗透率韵律指渗透率值在地层垂深上的变化，也可以分为正、反、复合 3 种。陕北地区长 9 段沉积三角洲前缘和浅湖亚相，砂体类型主要为水下分流河道砂体，多层砂体叠置发育。砂层内部粒度韵律明显，主要通过岩性特征、电测曲线中的伽马曲线及渗透率韵律特征来反映粒度韵律。

陕北地区长9储层粒度韵律和渗透率韵律均以复合型韵律为主（图5-27），韵律变化多如图5-27中所示，一套砂层内伽马曲线呈齿状变化，渗透率值有多个峰值，并不是单一的正韵律或反韵律。粒度韵律的复合性、多变性是导致储层非均质性强烈的因素之一。

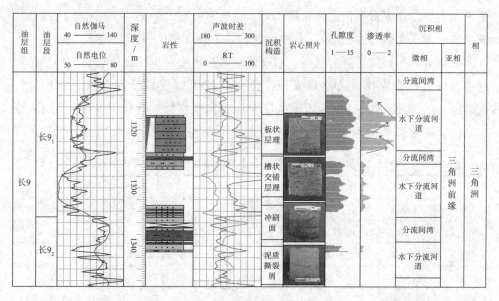

图5-27 桥42井长9段测井解释成果图

（2）渗透率非均质程度。

以上主要是对层内非均质性进行定性描述。此外，还可通过渗透率变异系数（V_k）、渗透率突进系数（T_k）、渗透率级差（J_k）、渗透率均质系数（K_p）等量化参数来衡量渗透率非均质程度。各参数分类的标准主要参考于兴河等提出的关于国内陆相砂岩储层非均质性程度分级标准。

渗透率变异系数（V_k）简称变异系数，用来定量反映砂岩渗透率相对于渗透率平均值的分散程度。由于国内油田储层储集性能不同，不同储集能力的储层渗透率差别较大，因此，变异系数分级标准以0.25和0.7两个值为界。若变异系数不超过0.25，则为均质性储层；若变异系数为0.25~0.7，则为相对均质性储层，非均质性程度中等；若变异系数超过0.7，则说明储层非均质性强，为不均匀型储层。

渗透率突进系数（T_k）是单一砂体内部渗透率最大值和砂体渗透率平均值之

比。若突进系数值小于 2，则说明非均质程度为均匀型；若为 2~3，则为较均匀型；若突进系数大于 3，则说明储层非均质性强。

渗透率级差（J_k）是单一砂体内部渗透率最大值和最小值之比。渗透率级差越大，最大值和最小值相差越大，单一砂体内部同时存在好和差两种渗透率水平，非均质程度越高。

渗透率均质系数（K_p）是渗透率突进系数的倒数值，即单一砂体内部渗透率平均值与渗透率最大值之比。由于最大渗透率一定大于平均渗透率，因此，均质系数一定在 0~1 之间分布。衡量该参数的标准是在 0~1 之间越大越好。

在明确各参数的计算方法后，对陕北地区长 9 段各小层长 9_1 和长 9_2 两段的渗透率数据进行数据统计，结果发现，长 9_1、长 9_2 储层均呈现强烈的非均质性（表 5 - 4）。将长 9_1、长 9_2 两段渗透率非均质程度参数进行对比（图 5 - 28 ~ 图 5 - 31），可知长 9_1 段的非均质性较长 9_2 段更加强烈。

表 5 - 4　陕北地区长 9 储层各小层渗透率非均质程度数据表

层位		变异系数（V_k）	突进系数（T_k）	级差（J_k）	均质系数（K_p）
长 9_1 段	最大值	2.47	12.97	254909.5	0.83
	最小值	0.20	1.20	1.50	0.08
	平均值	1.05	4.48	5220.724	0.32
长 9_2 段	最大值	3.14	31.57	7920.427	1.00
	最小值	0.20	1.20	1.50	0.08
	平均值	0.84	4.24	387.7199	0.38

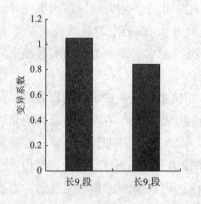

图 5 - 28　长 9 段各小层变异系数对比

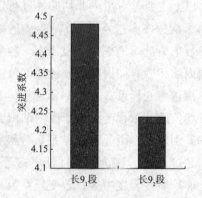

图 5 - 29　长 9 段各小层突进系数对比

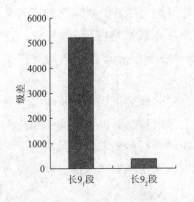

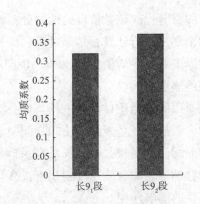

图 5 - 30　长 9 段各小层级差对比　　图 5 - 31　长 9 段各小层均质系数对比

2）层间非均质性特征

上述内容对单一砂体内部储层特征的变化性进行了分析。砂体间或者储层间各种特征也存在明显变化，具有差异性，即层间非均质性。以含油层系为研究单元，探究整套层系内砂体特征的变化规律。衡量层间非均质性特征的参数主要有分层系数、垂向砂岩密度及有效厚度系数。

分层系数意为含油层系内部所发育砂体的数量。由于沉积微相平面分布的不均一性，导致砂体在侧向上发生叠置或者尖灭，造成不同位置的单井同一含油层位内部砂层数的变化。一般用单井钻遇砂体数的平均值来衡量，单井钻遇的砂层越多，则层间非均质性越强。通过对陕北地区长 9 储层长 9_1 和长 9_2 两段单井分层系数统计发现，长 9_1 段分层系数平均值为 2.74，长 9_2 段分层系数平均值为 2.78（图 5 -32）。在该参数上二者差距不大，钻遇砂层数均较多。

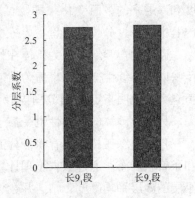

图 5 - 32　长 9 段各小层分层系数

垂向砂岩密度是指含油层系内沿地层垂深发育的砂岩总厚度占地层总厚度的百分比，用以衡量砂体间连通性，该值越大越好，该值即砂地比。经过统计计算，陕北地区长 9_1 小层砂地比为 0 ~ 74.8%，平均为 22.5%；陕北地区长 9_2 小层砂地比为 0 ~ 77.9%，平均为 30.1%。陕北地区长 9 储层砂体密度整体较小，长 9_2 小层砂体密度高于长 9_1 小层，说明长 9_1 层段泥质含量大于长 9_2 段，这也与长 9 顶部所发育的泥岩有关。

有效厚度系数是指有效储集能力的砂层（即含油砂层）的总厚度占砂体总

厚度的百分比。该数值反映油层分布特征，数值越大越好。对陕北地区长 9 油层组两个小层进行计算，结果显示长 9_1 段有效厚度系数平均值为 10.17%，长 9_2 段有效厚度系数平均值为 5.59%。说明长 9_1 段含油砂层分布较长 9_2 段更广，有效砂层的厚度更大。

对层间非均质性参数进行对比分析发现，陕北地区长 9_1 段和长 9_2 段发育砂体均为多砂层反复叠置，砂层间夹泥质、粉砂质等细粒沉积，导致长 9_1 和长 9_2 两段层间非均质性均很强烈。长 9_1 层段砂层间夹泥质、粉砂质等细粒沉积更多，但其砂层含油层段的有效厚度要高于长 9_2 段。这也说明层间非均质性对储油能力没有决定性的影响作用。

3）平面非均质性特征

上面两种非均质性特征均为沿地层垂向深度上储层特征的变化。储层特征在平面上的变化称为平面非均质性。这些平面上的变化包括储集砂体形态、储集砂体规模、储集砂体连续性及孔、渗值的变化，这些因素会对井网布局、注入水的波及范围等产生影响，从而影响开发效果。砂体形态和展布的平面变化在前面沉积相与储集砂体展布的相关内容中已有讲述，主要受沉积微相分布的控制。孔隙度和渗透率的平面变化（即物性的平面变化）也已在物性平面展布特征的相关内容中进行过分析。这里主要分析砂体的连续性。

砂体的连续性体现为砂体在长度和宽度上的延伸程度，一般用钻遇率参数来反映砂体连续性。钻遇率值为钻遇到砂层的井口数量与总井数的百分比。钻遇率值越大，说明指定井网范围内砂体侧向延伸程度越高，单井砂体的控制程度越高。另外，砂体的连续性也受控于沉积微相的发育情况，陕北地区长 9 油层组发育三角洲前缘亚相，发育水下分流河道和席状砂等微相砂体，因此砂体多为片状和条带状展布。通过数据整理计算，统计出陕北地区长 9 油层组长 9_1 和长 9_2 两个小层的砂层平均厚度、钻遇井数、钻遇率（表 5-5），可见，陕北地区长 9_1 砂层平均厚度为 3.73m，钻遇率为 90.36%，长 9_2 的平均砂厚为 4.76m，钻遇率为 89.76%。对比发现，长 9_1 段的钻遇率略高于长 9_2 段，但砂层平均厚度较小。这说明长 9_1 段砂层平面分布更均匀，平面非均质程度较长 9_2 段略低。

表 5-5　陕北地区遇率统计表

层位	统计井数/口	钻遇井数/口	砂体钻遇率/%	平均砂厚/m
长 9_1 段	332	300	90.36	3.73
长 9_2 段	332	298	89.76	4.76

第六章　储层成岩作用特征

早期人们对成岩作用的理解停留在狭义的压实和固结方面。随着对成岩作用研究的不断深入，日前一般认为成岩作用是指在沉积物沉积以后，变质作用发生之前，无外来物质加入的情况下，原始地层中物质在温度、压力、Eh 和 pH 因素作用下所发生的一系列物理上、化学上的变化。从 19 世纪末期成岩作用首次被提出，到目前成岩作用研究阶段已经经历了 4 个发展时期，主要为从依附于沉积岩岩类组构和碎屑物源分析的一般观察描述阶段，到现今的定量化研究和成岩动力机制研究阶段。成岩作用研究的重要性日益增加，与含油气盆地的勘探开发紧密相关，成岩作用和油气的关系也曾被作为全国沉积学大会的主要议题之一展开讨论。成岩相是成岩作用演化的产物。现今阶段正处于以岩性—地层油气藏勘探为重点的新时代，寻找油藏中有效储集体成为勘探工作中的重要任务。科研工作者一致认为成岩作用在储集体形成过程中扮演重要的角色，而所形成的成岩相与储集层的性能好坏和油气富集多少息息相关，成岩作用和成岩相共同控制着储集层的发育和分布，最终决定储层性能的好坏，相关研究也是当前油气勘探的重点和难点。

第一节　成岩作用类型

成岩作用包括多种类型，不同学者对成岩作用有着不同的划分模式。根据所考虑因素的不同，邹才能等（2008）考虑成岩作用对储集层所造成影响，将其分为扩容性成岩作用和致密化成岩作用两种；侯明才等（2009）考虑其对孔隙发育的影响，将其分为建设性成岩作用、破坏性成岩作用、保持性成岩作用 3 种类型；郑荣才等（2010）将成岩作用分为建设性成岩作用和破坏性成岩作用两种。尽管分类命名不一样，但各种成岩作用对孔隙演化和物性的影响结果基本是一致的，人们普遍认为成岩作用对孔隙演化和物性的改变起着不可或缺的作用。本章通过运用铸体薄片、扫描电镜、X 衍射等实验方法，对陕北地区长 9 砂岩储层所经历的成岩作用进行研究，并对各成岩作用进行定性分析。考虑成岩作用对孔隙发育的影响这一主要因素，将其归纳为建设性和破坏性两大类。

1. 建设性成岩作用

建设性成岩作用对孔隙保存起着积极的作用，决定有效储层的发育，陕北地区长9油层组主要的建设性成岩作用包括溶蚀作用和部分类型的胶结作用。

1）溶蚀作用

溶蚀作用通过溶蚀介质对可溶组分的溶解产生次生孔隙，增加孔隙空间，以达到改善储层物性的作用。溶蚀作用产生次生溶蚀孔隙，是使砂岩储集层物性得以改善的重要及主要成岩作用。一直以来致使矿物颗粒发生溶蚀的酸性流体，其相关研究受到沉积学界和地球化学界的广泛关注。针对其产生来源，前人已做过大量研究，认为鄂尔多斯盆地延长组中酸性流体主要来自于烃源岩有机质因氧化反应在压实成岩过程中脱羧化产生的有机酸和陆源河流相碎屑岩沉积过程中大气中CO_2溶解于淡水中形成的碳酸。

各学者对可溶组分类型的意见较为统一，可溶组分主要分为碎屑颗粒和自生矿物两大类。陕北地区长9储集砂岩中主要的溶蚀组分包括长石、岩屑及部分浊沸石。镜下可见长石沿其解理方向发生溶蚀呈蜂窝状、栅格状，甚至全部溶蚀，与岩屑溶蚀一样，多形成粒内溶孔（图6-1）。镜下观察发现表面有绿泥石膜环

(a)桥22井，1483.1m，长9储层，长石溶孔，10×10

(b)杨68井，2039.6m，长9储层，岩屑溶孔，10×10

(c)丹43井，1587.3，长9储层，连通性较好的粒内溶孔，单偏光，10×10

(d)杨68井，2039.6m，长9储层，连通性较差的粒内溶孔，单偏光，10×10

(e)新77井，2121m，长9储层，浊沸石溶蚀形成次生粒间孔，单偏光，10×10

(f)新34井，2180.7，长9储层，浊沸石近乎完全溶蚀，单偏光，10×10

图6-1　陕北地区长9油层组溶蚀作用镜下观察照片

边状发育的颗粒被溶蚀后产生的溶蚀粒内孔隙连通性较差，绿泥石膜较好地保存下来，而表面没有绿泥石膜发育，或者绿泥石膜厚度较薄的颗粒溶蚀后连通性较好（图6-1）。另外，浊沸石也是陕北地区长9储层砂岩中常见的一种矿物类型，浊沸石主要以粒间充填式胶结为主，但并非所有浊沸石都发生溶蚀（图6-1），有解释称这可能是在致密岩性下酸性介质流通不畅所致。据铸体薄片统计，长9₁段观察到的浊沸石溶蚀作用较长9₂段强烈，这可能也是造成长9₁段中浊沸石的含量少于长9₂段的原因。

2）薄膜状绿泥石胶结作用

陕北地区长9储层砂岩中发育含量较高的绿泥石黏土矿物。前面描述过，扫描电镜与显微镜下观察长9砂岩中的绿泥石多以环边状、薄膜状、叶片状充填于粒间或附着在岩石颗粒表面（图6-2）。据国内外学者研究，普遍认为薄膜状绿泥石的胶结作用对储层原生粒间孔隙的保存起着重要的作用，是深埋藏储层保持

(a)新81井，1846.2m，长9₁储层，薄膜状绿泥石胶结，粒间孔发育，单偏光，10×10

(b)新126井，2319m，长9₂储层，薄膜状绿泥石发育，粒间孔隙保存较好，4×10

(c)桥19井，1449.6m，长9₁储层，薄膜状绿泥石胶结包裹于颗粒表面，2000×

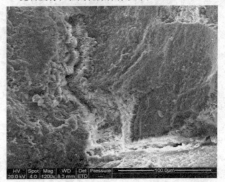

(d)新126井，2322.6m，长9₂储层，薄膜状绿泥石胶结包裹于颗粒表面，1200×

图6-2　陕北地区长9油层组薄膜状绿泥石胶结镜下观察照片

高孔、高渗的主要原因。其存在可以增强砂岩抗压性，使更多的粒间孔隙得以保存，最终提高砂岩储集空间，增加储层物性。相关研究表明，大量发育沉淀绿泥石的必要条件是储层为富含铁、镁的碱性水介质环境。陕北地区长9储层砂岩中薄膜状绿泥石膜发育处同时发育粒间孔隙或残余粒间孔隙。薄膜状绿泥石胶结作用对陕北地区长9储层砂岩孔隙的发育起着建设性作用。

2. 破坏性成岩作用

破坏性成岩作用通过不同程度的占据原生储集空间从而减少储层孔隙度，在陕北地区储层中主要包括压实压溶作用、胶结作用和交代作用。

1）压实压溶作用

在我国碎屑岩含油气储层中，压实压溶作用是造成砂岩储层孔隙性能降低的重要原因，在鄂尔多斯盆地陕北地区长9砂岩储层中也不例外。陕北地区长9段地层埋深大致为1008~2602m，所经历压实作用强度中等。压实作用对砂岩物性的破坏作用一般表现在两点：一是砂岩中泥岩、喷发岩、片岩、千枚岩、板岩及云母等塑性岩屑，在埋深压实过程中，因其自身柔性较强，易发生形变，从而填充于碎屑颗粒间，堵塞孔隙，降低孔隙度；二是石英、长石等相对硬性碎屑颗粒，随着压实作用的进行，原始位置发生变动或者颗粒整体发生破裂，使得原来的颗粒构架发生紊乱破坏，直至颗粒之间达到相对稳定致密接触的状态。陕北地区长9砂岩镜下观察特征表现在：塑性岩屑变形，可见定向排列，颗粒呈点—线状、凹凸状镶嵌接触的紧密堆积（图6-3）。需注意一点，压实作用所造成的孔渗降低过程为单向性、不可逆性，因此其对造成储层低孔渗化或者致密化会产生

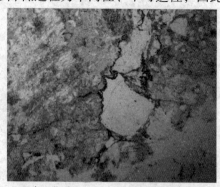 

(a)安27井，2150.4m，长9储层，颗粒间压实产生的缝合线，单偏光，10×10

(b)新59井，2255.9m，长9储层，云母弯曲变形，挤压充填于粒间孔隙中，单偏光，10×10

图6-3　陕北地区长9油层组压实压溶作用镜下观察照片

根本影响。

压实作用过程不仅会发生机械物理变化，还伴随着化学反应，发生矿物晶格变形和溶解作用，即压溶作用。且据相关研究表明，不仅在深埋藏条件下会发生石英等矿物的压溶作用，在较浅的砂岩地层中也有压溶作用的发生。陕北地区长9砂岩储层镜下观察特征表现在：石英出现次生加大现象，碎屑颗粒间镶嵌接触。

2）胶结作用

胶结作用是在压实作用基础上进一步破坏储层孔隙空间、降低储集物性的主要成岩作用。陕北地区长9储层主要的胶结类型包括黏土矿物胶结、浊沸石胶结、碳酸盐胶结及硅质胶结。

黏土矿物胶结的形成条件主要取决于砂岩中矿物的成分、孔隙流体性质、温度及氢离子浓度等。自生黏土矿物胶结物常见的形态有孔隙充填、孔隙衬垫、交代假象、裂缝和晶洞充填状。陕北地区长9储层砂岩中发育的自生黏土矿物主要为绿泥石、伊利石、伊蒙混层及高岭石。其中，除了环边薄膜状绿泥石胶结物对储层孔隙起保护或者改善作用外，其余自生黏土矿物（如伊利石、高岭石、伊蒙混层）常常呈孔隙充填式占据原始孔隙空间（图6-4），对储层物性起破坏作用。

在前面填隙物特征的相关内容中已述及，浊沸石胶结在陕北地区长9_2段储层中较为发育，大量的浊沸石充填于粒间孔隙中，几乎未发生溶蚀或者微弱溶蚀，对孔隙起破坏作用。

陕北地区主要的碳酸盐胶结物是方解石和铁方解石。镜下观察发现，部分砂岩样品中大量的碳酸盐胶结物充填孔隙（图6-5），可见常发育于石英次生加大边外，说明硅质胶结的发育形成要早于碳酸盐胶结物，这使得砂岩抗压实作用增强的同时也减小储层孔隙度。

虽然陕北地区砂岩以长石砂岩类为主，石英含量较低，但硅质胶结物所占比重并不低，平均占填隙物总量的10%。硅质胶结主要是以石英次生加大和自生石英颗粒的形式存在的。硅质胶结物中的硅质来源有两类：孔隙水中溶解的SiO_2和成岩过程中压溶作用、黏土矿物的转化、长石的溶解和转化。显微镜下铸体薄片和扫描电镜下观察到的陕北地区长9砂岩主要有石英次生加大和充填孔隙中的自生石英晶粒两种形态（图6-6），石英次生加大以Ⅰ～Ⅱ级为主，自生石英以六方双锥状单晶形式发育于孔隙间，硅质胶结使得孔隙被充填、喉道被堵塞，降低了储层的储集性能。

(a)高70井，1519.3m，长9₁储层，伊利石胶结发育于粒间孔隙间，单偏光，20×10

(b)新270井，2115.15m，长9₁储层，高岭石胶结物充填孔隙，单偏光，10×10

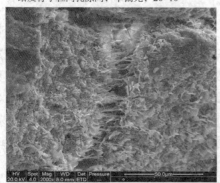

(c)午107井，2178.9m，长9₁储层，发丝状伊利石胶结，几乎完全充填粒间孔隙，2000×

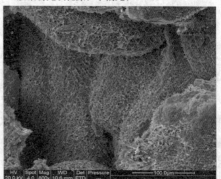

(d)高105井，2209.4m，长9₂储层，伊蒙混层胶结物发育于颗粒表面，600×

图6-4 陕北地区长9油层组黏土矿物胶结镜下观察照片

(a)桥19井，1451m，长9₁储层，铁方解石胶结导致岩石致密，单偏光，4×10

(b)桥19井，1450.1m，长9₁储层，方解石充填孔隙，单偏光，10×10

图6-5 陕北地区长9油层组碳酸盐矿物胶结作用镜下观察照片

(c)高67井，1759.2m，长9₁储层，铁方解石
胶结，单偏光，4×10

(d)新77井，2121.2m，长9₂储层，方解石胶
结，300×

图6-5　陕北地区长9油层组碳酸盐矿物胶结作用镜下观察照片（续）

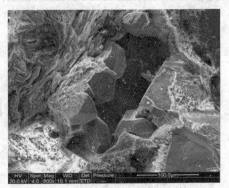

(a)杨41井，1963.97m，长9₂储层，石英次生
加大，10×10

(b)新126井，2322.6m，长9₂储层，自生
石英颗粒，1200×

图6-6　陕北地区长9油层组硅质胶结作用镜下观察照片

3）交代作用

交代作用是一种矿物替代另一种矿物的作用，矿物总体积不发生变化，常伴随着溶解作用和胶结作用发生。陕北地区长9储层的交代作用方式有胶结物相互之间交代和胶结物交代碎屑颗粒两种类型。通过显微镜下观察得知，长9储层所经历的交代作用类型主要为碳酸盐矿物交代碎屑颗粒作用和黏土矿物交代作用。

镜下所观察到的碳酸盐胶结物交代作用主要体现在对石英、长石、岩屑等碎屑颗粒及石英次生加大边的交代方面，交代方式和程度不同。其中，对长石颗粒的粒内交代作用最为发育［图6-7（a）］。镜下铸体薄片观察还可见到部分石英次生加大边被碳酸盐矿物所交代，也可以说明硅质胶结发育于碳酸盐矿物交代作用前。

镜下所观察到的黏土矿物交代作用以绿泥石及伊利石交代碎屑颗粒和硅质居多。此种交代作用主要出现在胶结物以泥质为主的砂岩储层中，交代方式主要以边缘蚕食状、锯齿状发育［图6-7（b）］。

(a)新77井，2121m，长9储层，方解石交代
碎屑颗粒，单偏光，10×10

(b)高56井，2117m，长9储层，伊利石沿石英
颗粒边缘蚕食交代石英颗粒，单偏光，20×10

图6-7　陕北地区长9油层组交代作用镜下观察照片

第二节　成岩阶段及成岩序列

1. 成岩阶段划分

成岩演化的过程具有阶段性。对于成岩阶段划分的依据和标准，国内外学者进行了大量的研究和讨论，提出了不同的划分方案和命名标准。国外学者目前一般采用的是 Schmidt 等和 Morad 等提出的划分方案，而国内目前一般采用应凤祥等于2003年起草的石油天然气行业碎屑岩成岩阶段划分标准（SY/T 5477—2003），该方案的优点在于在统一储集层成岩阶段划分术语和定义的基础上，从定性和定量的综合角度建立了我国陆相盆地成岩阶段划分标志。依据该标准，成岩阶段划分主要参考以下指标：①自生矿物组合特征、形成顺序及自生矿物中包裹体均一温度；②黏土矿物组合及伊蒙混层黏土矿物的转化；③镜煤反射率值；④古温度，包括流体包裹体均一温度、自生矿物形成温度等；⑤最大热解峰温 T_{max}（℃）特征。本次划分使用的参数主要为：自生矿物特征、黏土矿物特征和有机质热成熟度指标镜质体反射率 R_o。

1）自生矿物组合特征

陕北地区长9储层砂岩中石英大部分呈Ⅰ～Ⅱ级次生加大胶结，极少量Ⅲ级加大，可见自生石英晶体发育于孔隙间。碳酸盐矿物以方解石与铁方解石为主，自生黏土矿物以绿泥石和伊利石为主，这些特征显示成岩演化已普遍进入到早成岩B期—中成岩A期阶段。

2）黏土矿物及其转化特征

通过镜下观察发现，伊利石呈针状、丝发状，薄膜状，绿泥石呈叶片状，少量高岭石呈书页状或蠕虫状。黏土矿物转化模式为蒙脱石—伊蒙混层—伊利石型，伴随有高岭石减少和绿泥石增加变化。由X衍射实验所得黏土矿物含量表（表6-1），从表中可知，长9段伊蒙混层中蒙脱石含量为15%～40%，属于有序混层带，显示已进入中成岩A期。

表6-1　陕北地区长9储层X衍射黏土矿物含量表

| 井号 | 黏土矿物相对含量/% | | | | | | 混层比（S） |
	蒙脱石	伊蒙混层	伊利石	高岭石	绿泥石	绿蒙混层	伊蒙混层
安28	—	23	2	—	75	—	30
白407	—	26	1	—	73	—	30
丹43	—	—	6	—	94	—	—
谷105	—	51	1	—	48	—	35
高116	—	40	5	33	22	—	25
高135	—	49	5	—	46	—	20
高35	—	52	3	—	45	—	35
高56	—	31	4	—	65	—	20
高67	—	65	6	16	13	—	25
高70	2	62	2	4	30	—	30
高73	—	46	—	—	54	—	25
高75	—	80	8	4	8	—	25
高89	—	54	4	—	42	—	19
化114	—	16	2	—	82	—	30
桥19	—	11	2	—	87	—	30
桥22	—	54	1	—	45	—	20
桥42	—	46	—	—	54	—	30

续表

井号	黏土矿物相对含量/%						混层比（S）
	蒙脱石	伊蒙混层	伊利石	高岭石	绿泥石	绿蒙混层	伊蒙混层
吴436	—	49	1	6	44	—	30
午91	—	56	2	—	42	—	35
新106	—	13	1	—	86	—	25
新126	—	6	1	—	93	—	15
新22	—	66	—	—	34	—	35
新255	—	6	2	—	92	—	10
新270	—	60	9	15	16	—	25
新283	—	4	1	—	95	—	15
新34	—	31	—	—	69	—	35
新77	—	48	—	—	52	—	40
新80	—	5	1	—	94	—	26
杨32	27	—	7	—	66	—	—
杨41	—	38	1	—	61	—	30
杨68	—	4	1	—	95	—	20

3）镜质体反射率 R_o

根据朱静等（2013）测的盆地长 9 段镜质体反射率 R_o 值，分布于陕北地区内及邻区的井位测量值显示，R_o 值皆分布于 0.5% ~ 1.2%（表 6 - 2），说明为成岩演化中成岩阶段 A 期。根据碎屑岩成岩阶段划分标准，以上特征显示长 9 储层已经进入中成岩 A 期。

表 6 - 2　鄂尔多斯盆地长 9 段部分探井镜煤反射率表（据朱静，2013）

井号	井深/m	层位	R_o/%
化148	2619.3	长9	1.08
正11	1158.5	长9	0.65
午19	747.7	长9	0.59
高116	1733.1	长9	0.73
丹21	1345.0	长9	1.06
白254	2250.9	长9	0.85
高166	2833.8	长9	0.68

2. 成岩序列

成岩序列从时间角度描述成岩作用演化的过程，划分出成岩相演变过程的空间组合特点。运用铸体薄片、扫描电镜、X衍射等实验方法，根据上述成岩阶段划分资料，可分析陕北地区长9储层砂岩中自生矿物及其发育演化顺序、孔隙类型等特征，确定陕北地区长9储层成岩作用演化经历了同生成岩阶段、早成岩阶段、中成岩阶段3个成岩阶段。其中，早成岩阶段和中成岩阶段又可分为早成岩A期、早成岩B期、中成岩A期、中成岩B期4个成岩期。现今已演化至中成岩A期（表6-3）。其中，同生成岩阶段为中性淡水—弱酸性弱氧化环境，沉积古地温接近常温。沉积物疏松，原生孔隙较为发育。

表6-3 陕北地区长9油层组储层成岩演化序列

成岩阶段		同生成岩阶段	早成岩阶段		中成岩阶段A期
			A期	B期	
古地温/℃		近常温	常温~65	65~85	85~140
R_o/%			<0.35	0.35~0.5	0.5~1.3
有机质演化阶段			未成熟	半成熟	低成熟—成熟
压实作用					
胶结交代作用	伊蒙混层				
	伊利石				
	高岭石				
	环边状绿泥石				
	浊沸石				
	早期石英加大				
	早期方解石胶结				
	自生石英				
	晚期石英加大				
	铁方解石胶结作用				
	溶蚀作用				

早成岩A期沉积物古地温最高可达65℃，R_o高值限为0.35%。孔隙水性质偏酸性。机械压实作用强烈，储层丧失大量孔隙水，原生粒间孔隙降低。此阶段黏土矿物主要为蒙脱石，且蒙脱石在伊蒙混层黏土矿物中所占比例大于70%。另外，还发育环边状绿泥石薄膜、早期高岭石和粉晶菱铁矿等矿物。

早成岩B期沉积物处于半固结到固结阶段，古地温最高可达85℃，R_o高值界限在0.5%。孔隙水性质呈酸性。黏土矿物蒙脱石明显向伊蒙混层黏土矿物转化，蒙脱石层在伊蒙混层中占70%~50%，孔隙水仍然为酸性条件。仍在发生机械压实作用，塑性碎屑被挤压发生弯曲变形呈假杂基状，自生伊利石开始发育形成，溶蚀作用开始发育，长石发生弱溶蚀，早期方解石胶结作用发育，书页状高岭石发育。受压实作用和方解石胶结作用的影响，孔隙度再次降低。

中成岩A期埋深增加，沉积物固结，古地温最高达140°C，R_o值为0.5%～1.3%。蒙脱石含量减少，伊利石发育，蒙脱石在伊蒙混层中所占含量下降至50%～15%。浊沸石胶结大量发育。压溶作用增强，孔隙缩小，颗粒间接触更加紧密，在陕北地区长9储层发育晚期石英加大及发育于粒间孔隙间的微晶自生石英颗粒。孔隙水仍为酸性，溶蚀作用明显，主要表现为长石和岩屑的粒内溶蚀，次生溶蚀孔隙发育造成孔隙度增加。此次溶蚀作用发生在成油高峰之前，由形成的有机酸所致，因此后期的胶结作用使得已形成的次生孔隙部分被充填，先期形成的次生溶孔虽多，但后期保存下来的却有限。镜下观察可见部分粒内溶孔被硅质或泥质胶结物所填充。早期形成的部分碳酸盐矿物发生溶解，在薄片下可以观察到部分溶蚀孔隙又被后期生成的铁方解石充填。

第三节　成岩相带划分

成岩相研究的意义在于为预测优质储集体提供依据。邹才能等（2008）提出的成岩相定义，指在成岩、构造等作用下，沉积物经历一定成岩作用和演化阶段的产物，包括岩石颗粒、胶结物、组构、孔洞缝等的综合特征。陈彦华等（1994）则认为成岩相是成岩环境的物质表现，即能够反映成岩环境的岩石学特征、地球化学特征和岩石物理特征的总和，并将某种成岩相时空分布的范围称为成岩相区。覃建雄等（2000）根据陕甘宁盆地中部马五$_4^1$段的地质特征，把成岩相概念明确表达为：某一岩层段或分段岩石在沉积期后所经历的各种成岩作用改造叠加所形成的沉积记录或产物的总和，并将其中明显影响储层储集条件的最典型和最主要的矿物、结构或岩石类型代表其相应的成岩相。其定义目前尚未统一，但最终的认识皆与成岩作用和其产物相关。

成岩相的发育主要受沉积环境、盆地背景、盆地充填史和成岩序列、成岩条件（主要指成岩环境介质性质、温度、压力、酸碱度和氧化还原条件及其变化，以及有机质演化对成岩相的影响）、成岩作用类型和强度、成岩时限和过程等因素的控制。不同的沉积、成岩环境和演化阶段，导致不同的成岩作用，形成不同的成岩矿物组合、组构及孔隙体系。因而只有弄清控制成岩相发育的因素，对成岩相进行详细划分，才能更准确地预测有利成岩相，并最终为油气勘探服务。

成岩相研究即分析各种成岩事件的相对强度、沉积成岩环境与成岩产物在纵向与平面上的分布特征。沉积微相的平面分布符合一定的相律，而成岩作用与沉积微相有一定的关系。因此，可以通过沉积微相的平面展布来预测成岩相的平面分布特征。储层的成岩相划分除要考虑沉积微相的分布外，还要考虑成岩作用及其对储层储集性能的影响。

1. 成岩相类型及特征

成岩相是成岩演变过程的具体体现，反映了碎屑岩成岩特征的总和，表现为碎屑组分、成岩矿物组合、填隙物及其孔隙类型和结构的变化。通过对陕北地区长 9 储层发育的成岩作用进行分析，得知长 9 储层受压实压溶作用强烈，发育多种类型胶结交代作用，溶蚀作用明显，影响储层砂岩的孔隙类型及物性特征。不同类型的砂岩发育的成岩作用种类和程度不尽相同，使得储层非均质程度增加。以寻找非均质储层中的相对高渗储层为出发点，对陕北地区长 9 储层成岩相进行分类划分。关于成岩相分类定名的标准，成岩相国内外学者作了大量研究工作，但由于考虑的因素和侧重点不同，目前仍未给出统一的分类划分标准。

根据成岩相的主要影响因素，对陕北地区长 9 储层进行成岩相分类时，主要考虑储层发育成岩作用特征、自生矿物及其组合特征、孔隙类型及特征、物性特征，结合毛管压力曲线参数特征，以"优势成岩作用 + 优势孔隙类型"的优势相为命名原则，对长 9 储层进行成岩相类型划分。由于陕北地区长 9 储层的长 9_1 段和长 9_2 段岩石学特征、物性特征、孔隙类型各具特色，因此分别对两个层进行划分，各划分为 4 种成岩相带（表 6-4）。

将长 9_1 段划分为绿泥石膜—残余粒间孔相、不稳定组分溶蚀相、硅质胶结微孔相、钙质胶结交代致密相，将长 9_2 段划分为绿泥石膜—残余粒间孔相和不稳定组分溶蚀相、浊沸石胶结相、压实致密相。其中对储层物性起积极作用的建设性成岩相为绿泥石膜—残余粒间孔相和不稳定组分溶蚀相，其余 4 种类型都是对储层物性起破坏作用的破坏性成岩相，各类特征描述如表 6-4 所示。

表 6-4　陕北地区长 9_1 段和长 9_2 段储层不同成岩相带特征

层位	类别	成岩相	发育位置	主要成岩特征
长 9_1	建设性	绿泥石膜—残余粒间孔相	水下分流河道中心部位，发育局限	绿泥石薄膜状分布，石英加大微弱或无；粒间孔保存良好，孔隙连通性好，长石、岩屑可见溶解
		不稳定组分溶蚀相	水下分流河道主河道	石英Ⅰ级至Ⅱ级加大，部分保留原生粒间孔；发育长石、浊沸石等易溶组分形成的溶蚀孔
	破坏性	硅质胶结微孔相	水下分流河道侧翼	石英Ⅱ级以上加大，塑性岩屑变形，水云母呈薄膜状、胶体状堵塞孔隙，孔隙以少数溶蚀孔和微孔为主，可见成岩缝发育
		钙质胶结交代致密相		大量碳酸盐连晶胶结状、斑状充填孔隙、交代颗粒
长 9_2	建设性	绿泥石膜—残余粒间孔相	水下分流河道中心部位，发育局限	绿泥石薄膜状分布，石英加大微弱或无；粒间孔保存良好，孔隙连通性好，长石、岩屑可见溶解
		不稳定组分溶蚀相	水下分流河道主河道	石英Ⅰ级至Ⅱ级加大，部分保留原生粒间孔；发育长石、浊沸石等易溶组分形成的溶蚀孔
	破坏性	浊沸石胶结相	陕北地区北部及西南部水下分流河道侧翼	浊沸石大量胶结，充填于孔隙中，含量在 4% 以上，没有发生溶蚀或者轻微溶蚀，堵塞孔隙
		压实致密相	水下分流河道末端	石英Ⅱ级以上加大，强压实；塑性组分变形，极少数残余原生孔和溶蚀孔

2. 成岩相带平面展布特征

　　构造相、沉积相和成岩相是控制储层非均质性的三大因素，三者共同决定着优质储层和含油有利区的分布位置，国内外学者在利用成岩相预测优质储集体方面作了大量工作。考虑到构造相在鄂尔多斯盆地地层中影响并不明显，沉积作用控制成岩作用，因此考虑利用沉积相带和成岩优势相带相结合的方式来确定成岩相平面分布特征，以期寻找有利储层的发育场所。对陕北地区长 9_1 和长 9_2 各段储层的沉积相特征已在前面章节中进行了相关阐述，在此不再重述。

　　在绘制陕北地区长 9_1 和长 9_2 各段储层成岩相带平面展布图时，依据的主要原则有：①由于沉积相带控制砂体展布，砂体分布控制着成岩相带分布，因此以沉积相和砂体展布图为基础绘制成岩相图。该区分流间湾、浅湖微相作为非有效储层，砂地比低于10%，砂厚不超过5m，该类相带不作成岩相平面划分。②非均质性显著的储层中，即便同类砂岩连续取样，也会产生不同深度砂岩成岩相类型的较大变化，再者，也会受到取样数量的限制，因此，在平面分布图上以优势相带为主，只体现该层位最主要的成岩相类型。③参考前期所做主要填隙物及主要孔隙类型平面分布特征。在这些基础上最终划分出陕北地区长9₁段和长9₂段储层成岩相平面展布特征。

长9₁储层中绿泥石膜—残余粒间孔相主要顺水下分流河道主砂带呈北东—南西向条带状展布，物性条件好，主要发育在北部安边、堆子梁—胡尖山、镰刀湾—大路沟，为陕北地区最有利的成岩相带；不稳定组分溶蚀相主要发育于水下分流河道侧翼及西南部水下分流河道主砂带位置，其物性条件比Ⅰ类较差，但因发育溶蚀孔隙，故仍然为有利的成岩相带；硅质胶结微孔相及钙质胶结交代致密相主要发育于北部及西南部水下分流河道侧翼砂体薄弱的位置及分流间湾部位，物性条件较差，部分因微裂隙及少量溶孔条件较为改善，水云母胶结＋钙质胶结交代微孔相与钙质胶结交代致密相发育于河道侧翼、分流间湾部位及河道砂体末端，孔渗条件最差，是最不利的成岩相带（图6-8）。

长9₂储层中绿泥石薄膜＋残余粒间孔相主要发育于水下分流河道中心部位，发育较局限，绿泥石呈薄膜状分布，石英加大微弱或无；

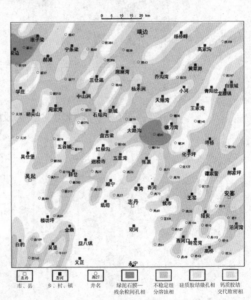

图6-8 陕北地区长9₁段成岩相平面分布图

粒间孔保存良好，孔隙连通性好，长石、岩屑可见溶解。物性条件好，是陕北地区最有利的成岩相带。不稳定组分溶蚀相主要发育于水下分流河道主河道部位，其物性条件比Ⅰ类较差，但因有溶蚀孔隙发育，故而仍然为有利的成岩相带。浊沸石胶结相主要发育于陕北地区北部及西南部水下分流河道侧翼，该相典型特征为浊沸石大量胶结，充填于孔隙中，含量在4%以上，没有发生溶蚀或者轻微溶蚀，堵塞孔隙。压实致密相主要发育于水下分流河道末端，石英二级以上加大，强压实。塑性组分变形，极少数残余原生孔和溶蚀孔，孔渗条件最差，是最不利的成岩相带（图6-9）。

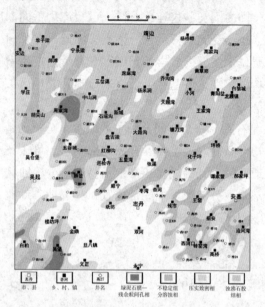

图6-9　陕北地区长9_2段成岩相平面分布图

第七章　储层微观孔隙结构特征

研究储层微观孔隙结构特征旨在反映影响渗流能力的主要因素。在沉积作用和成岩作用等综合地质条件的影响下，低渗透储层一般具备孔喉类型多样、孔隙结构复杂且非均质性强等独特的微观孔隙结构特征。这些特征会对储层开发过程产生影响，继而影响到油藏最终产能的高低。对储层微观孔隙结构的研究是正确评价和开发、改造低渗透油藏的关键。研究储层的微观孔隙结构特征及其对渗流特征的影响，可以为储层评价提供参数指标，从而合理制定低渗油藏勘探开发方案。由于其对储层特征研究具有重要意义，已有众多学者对其作出相关研究。

本章节旨在通过铸体薄片、扫描电镜等实验方法定性分析储层所发育的孔隙和喉道类型特征，并通过其大小、分布及相互连通情况等孔隙结构参数，定量化深入研究储层孔隙及喉道特征，即微观孔隙结构特征。微观孔隙结构参数主要可以分为3类：反映孔喉大小，反映孔喉分布及分选特征，反映孔喉连通性。目前获取这些参数及研究储层微观孔隙结构特征的主要技术方法有：实验技术方面，有常规的技术方法，如薄片观察、扫描电镜法、常规高压压汞法，还有改进的先进技术，如恒速压汞技术实验法、核磁共振技术、X – CT扫描成像技术等，以及分析技术方面的测井法、模型法及模拟法等。

本书在采用常规实验技术的基础上，结合较高效的恒速压汞技术方法对微观孔隙结构特征进行研究。通过显微镜下薄片观察和扫描电镜技术获取储层孔隙、喉道的基本类型及形态信息，利用常规高压压汞所得毛细管曲线特征分析、确定有关孔喉大小、分选情况和连通性的定量参数，运用恒速压汞技术方法分别确定孔隙和喉道的大小、数量及分布。

第一节　孔隙和喉道类型

砂岩的孔喉类型特征是有关于砂岩内部孔隙、喉道两个基本要素的信息，包括其形状、大小、分布和相互连通情况。孔隙特征关系到储层的孔隙度发育情况，喉道特征关系着储层渗透率高低及储层是否为有效储层，两者的发育和破坏对储层最终类型的形成起决定性作用，因此，储层孔喉特征的研究是储层特征研究的基础，尤其是对低孔、低渗储层及致密砂岩储层、页岩油气储层等非常规油气储层而言。

1. 孔隙类型及分布

1）孔隙类型

有关碎屑岩孔隙类型的划分方案有多种，本书主要结合 V. Schmidt 和邸世祥等（1979，1991）提出的划分方案，依据成因、孔隙产状及溶蚀作用进行分类。首先将孔隙分为原生孔隙和次生孔隙两大类，然后再对每一类分别划分如下。

通过显微镜下薄片观察和扫描电镜观察可知，陕北地区长 9 砂岩储层平均面孔率为 4.18%，平均孔径为 43.28μm，主要孔隙类型包括残余粒间孔、长石溶孔、岩屑溶孔及沸石溶孔等溶蚀孔隙及微裂隙等。按照含量不同，主要以残余粒间孔（2.23%）、长石溶孔（1.16%）为主，其次为微裂隙（0.31%）和岩屑溶孔（0.27%），晶间孔和铸模孔含量较少。残余粒间孔、长石溶孔是陕北地区最主要的储集空间（图 7-1）。

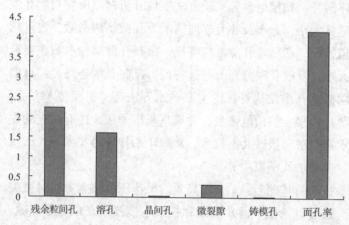

图 7-1　陕北地区长 9 段砂岩储层孔隙类型直方图

（1）原生孔隙。

砂岩中原生孔隙是指在碎屑颗粒沉积后残留的未被充填或破坏的颗粒间的孔隙。沉积之后、成岩作用发生之前原生孔隙含量较高，可达 40%，但随着成岩作用的进行，原生孔隙会出现各种程度的减少，甚至出现原生孔隙完全被破坏的情况。原生孔隙的发育特征主要受地层埋深、碎屑成分及胶结作用特征的影响。陕北地区长 9 储层所发育的且对储层起关键作用的原生孔隙主要为残余粒间孔。

残余粒间孔是指经过一系列成岩作用后在现今地层中仍然保留下来的原生粒

间孔隙。根据显微镜下铸体薄片观察和扫描电镜观察，可见该类孔隙分布大小不一，形态不一，而且发育位置也不均一，显示强烈的非均质性特征。在陕北地区长9储层残余粒间孔发育处一般都可以见到环边状胶结的绿泥石薄膜，石英次生加大一般不发育，且在残余粒间孔之间常可以看到自生石英晶粒、孔隙充填式绿泥石、伊利石、高岭石等黏土矿物（图7-2）。

 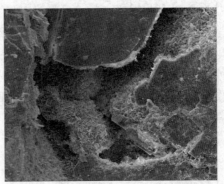

(a)新80井，1846.2m，长9₁储层，残余粒间孔发育，单偏光，10×10

(b)新106井，2280.3m，长9₂储层，残余粒间孔，1000×

图7-2 陕北地区长9油层组发育残余粒间孔

该类孔隙在长9储层中最为发育，但分布不均，形态有三角形、多边形、不规则形等。据薄片鉴定资料统计，陕北地区长9储层中残余粒间孔含量平均可达2.23%，在长9₁段含量平均可达2.1%，在长9₂段含量平均可达2.25%（图7-3）。

（2）次生孔隙。

次生孔隙是指碎屑颗粒沉积后经成岩作用和成岩后作用

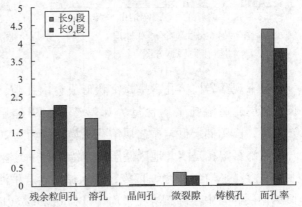

图7-3 陕北地区长9段各小层孔隙类型直方图

等改造后所发育形成的孔隙种类，对储层物理特性有较大的影响。次生孔隙种类繁多，成因多样，类型主要受各种成岩作用（特别是溶蚀作用）的影响。陕北地区长9储层所发育的次生孔隙主要类型有溶蚀孔（简称溶孔）、晶间孔、微裂隙。

①溶蚀孔。溶蚀孔是随着成岩演化的进行、埋藏加深，在酸性溶液的溶蚀作用下，长石、岩屑、浊沸石、碳酸盐矿物等可溶组分发生不同程度溶解而产生的次生孔隙。可溶组分的种类很多，碎屑颗粒、自生矿物及交代矿物等都有可能。在陕北地区长 9 储层砂岩中主要有长石溶孔、岩屑溶孔、浊沸石溶孔及少量的碳酸盐溶孔。溶孔在陕北地区长 9 储层中起到很重要的作用，含量仅次于残余粒间孔，平均为 1.61%。

长石溶孔是陕北地区储层发育最多的一类溶蚀孔隙（图 7-4、图 7-5）。它的形成主要受限于解理及交代矿物，溶蚀作用沿解理和裂隙发生，呈网状或不规则的粒内溶孔形状（图 7-6）。长 9 储层长石溶孔平均含量为 1.16%（图 7-4、图 7-5），长 9$_1$ 储层砂岩中长石溶孔平均含量为 1.46%，长 9$_2$ 储层砂岩中长石溶孔平均含量为 0.78%。长 9$_1$ 中长石溶孔更为发育。

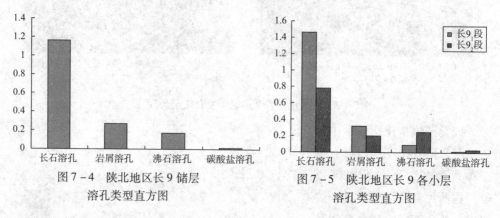

图 7-4　陕北地区长 9 储层
溶孔类型直方图

图 7-5　陕北地区长 9 各小层
溶孔类型直方图

镜下观察岩屑溶孔常呈蜂窝状形成粒内孔隙，连通性一般较差（图 7-6）。长 9 储层岩屑溶孔平均含量为 0.27%，长 9$_1$ 储层砂岩中岩屑溶孔平均含量为 0.32%，长 9$_2$ 储层砂岩中岩屑溶孔平均含量为 0.20%（图 7-4、图 7-5）。

浊沸石溶孔是陕北地区储层较为特殊的一类溶蚀孔隙（图 7-6），长 9 储层浊沸石溶孔平均含量为 0.17%，长 9$_1$ 储层砂岩中浊沸石溶孔平均含量为 0.09%，长 9$_2$ 储层砂岩中浊沸石溶孔平均含量为 0.25%（图 7-4、图 7-5），长 9$_2$ 储层砂岩中浊沸石溶孔明显较长 9$_1$ 储层更为发育。

碳酸盐溶蚀孔隙在陕北地区发育较少，对储层砂岩的孔隙性能贡献较小。仅见少量的方解石胶结物被溶蚀。长 9 储层碳酸盐溶孔平均含量为 0.01%，长 9$_1$ 储层砂岩中碳酸盐溶孔平均含量为 0.01%，长 9$_2$ 储层砂岩中碳酸盐溶孔平均含量为 0.03%（图 7-4、图 7-5）。

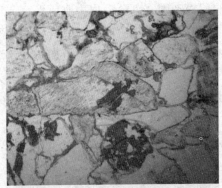

(a)安28井，2116.8m，长9$_2$储层，长石粒内溶孔，单偏光，10×10

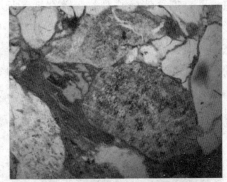

(b)杨41井，1972.88m，长9$_2$储层，岩屑溶孔，单偏光，10×10

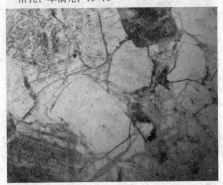

(c)新77井，2121m，长9$_2$储层，沸石溶孔，单偏光，10×10

(d)高89井，2009.26m，长9$_1$储层，铸模孔，单偏光，4×10

图7-6　陕北地区长9油层组发育各类溶蚀孔隙

另外，还有一种特殊的溶蚀孔隙，它是按照孔隙形态来命名的，为铸模孔隙，是因可溶组分全部溶解但其矿物晶型假象被保留下来所形成的次生孔隙。在陕北地区长9储层中含量有限（图7-6），长9储层铸模孔平均含量为0.01%，长9$_1$储层砂岩中铸模孔平均含量为0.01%，长9$_2$储层砂岩中铸模孔平均含量为0.02%（图7-1、图7-2）。

②晶间孔。晶间孔主要为矿物晶体间发育的微孔隙。陕北地区长9储层砂岩中各种主要黏土矿物晶间孔隙如图7-7所示，孔隙直径一般为1.00~5.00μm，连通性有限。晶间孔在长9储层中含量较少，平均含量为0.02%，在长9$_1$储层砂岩中晶间孔平均含量为0.01%，在长9$_2$储层砂岩中晶间孔平均含量为0.03%（图7-1、图7-2）。

③微裂隙。微裂隙是受到外力作用使砂岩内部发生破裂而产生的孔隙，属次生孔隙类型。其最大特点为连通性良好，但在储层内分布不均匀，影响物性非均

质程度。据铸体薄片观察，陕北地区长9储层微裂隙在部分砂岩中有所发育，且形态不同，主要沿碎屑颗粒边缘破裂，宽度约为0.01~0.10mm，根据其发育形态、两侧发育矿物的特点，可以判断陕北地区长9储层内多为未被后期矿物充填的微裂隙（图7-7）。统计显示，陕北地区长9储层中微裂隙含量平均为0.31%，在长9₁储层砂岩中平均为0.35%，在长9₂储层砂岩中平均为0.25%（图7-1、图7-2）。

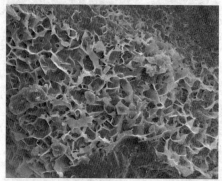

(a)高56井，2011.5m，长9₁储层，晶间孔，2000×

(b)安27井，2151.3m，长9₁储层，晶间孔，2000×

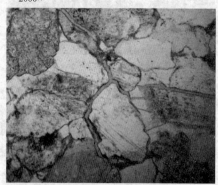

(c)安28井，2116.8m，长9₁储层，微裂隙，单偏光，10×10

(d)新77井，2121m，长9₂储层，微裂隙发育，单偏光，4×10

图7-7　陕北地区长9油层组发育晶间孔隙和微裂隙

上面所描述的是单一的孔隙类型特征，在陕北地区长9油层组储层砂岩中孔隙通常不会以单一的类型存在，一般为多种孔隙的组合形式发育。长9储层中主要的孔隙组合类型有：粒间孔—溶孔型，占主要地位，其次为晶间孔—溶孔型、微孔、微裂隙；其余如残余粒间孔—溶孔、复合型孔、晶间孔—微孔、晶间孔、铸模孔、粒间孔—次生溶孔等，含量较低。孔隙组合形式在砂岩中分布不均一，且不同的孔隙组合形式的砂岩所发育的面孔率也不同，通常粒间孔—溶孔、晶间孔—溶孔及溶孔的平均孔径和面孔率最大。

2）孔隙平面分布特征

由于面孔率是薄片观察统计的所有发育孔隙的总和，关系到储层孔隙度的高低；而残余粒间孔和溶孔是对陕北地区长9储层孔隙度贡献最大的两类孔隙类型。通过薄片鉴定等统计资料，绘制出长9油层组储层发育面孔率、残余粒间孔、溶孔含量的平面分布等值线图（图7-8~图7-13）。

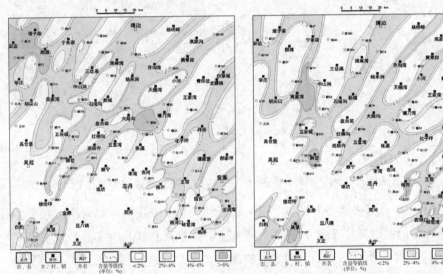

图7-8　陕北地区长9₁段面孔率平面分布图　　图7-9　陕北地区长9₂段面孔率平面分布图

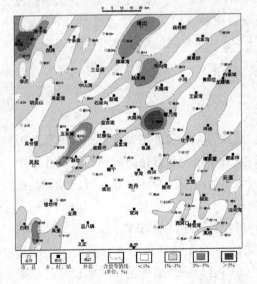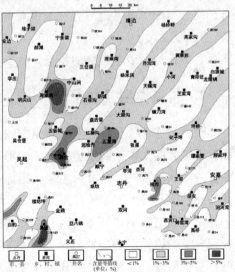

图7-10　陕北地区长9₁残余粒间孔平面分布图　　图7-11　陕北地区长9₂残余粒间孔平面分布图

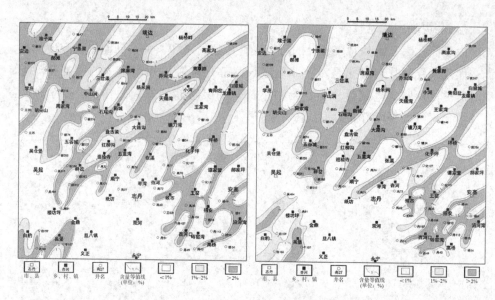

图7-12　陕北地区长 9_1 溶孔平面分布图　　图7-13　陕北地区长 9_2 溶孔平面分布图

从总面孔率含量平面分布图（图7-8、图7-9）中我们可以看出，长 9_1 面孔率大于2%的区域要广于长 9_2，高值区主要发育于西北部和中部。长 9_1 残余粒间孔高值区发育在西部的安边、靖边、杨米涧、镰刀湾、五谷城地区，东部残余孔发育面积较小；长 9_2 残余粒间孔高值区发育在陕北地区中部周家湾、薛岔、五里湾和西南部吴堡地区，整体上发育面积较小（图7-10、图7-11）。从溶孔发育平面分布图中可见，溶孔在长9储层砂岩中发育较为普遍，但长 9_1 溶孔大于1%的区域要大于长 9_2（图7-12、图7-13）。陕北地区整体具有西北部残余粒间孔、溶孔均高于东南部的特点。

2. 喉道类型及特征

喉道是连通于孔隙之间的狭窄空间。孔隙的大小和形态关系着储层的孔隙度和储油能力的大小，而喉道的大小、形态及分布则关系着孔隙的连通性及孔隙中储存的油气能否被驱替开采出来。因此，喉道的类型及特征对储集层的储集性能和渗流性质起着主要影响作用。

影响喉道大小和形态的因素主要有碎屑颗粒互相接触方式、胶结方式及碎屑颗粒自身的原始形态。罗蛰潭等依据碎屑颗粒的互相接触方式对喉道产生的影响，对喉道进行分类，分别分为孔隙缩小型喉道、缩颈型喉道、片状或弯片状喉道及管束状喉道4类。

据铸体薄片和扫描电镜观察结果统计，按照喉道形态分类，陕北地区长 9 储层砂岩主要发育缩颈型喉道，次为片状或弯片状喉道，孔隙之间连通性程度不均一，部分孔隙之间无喉道沟通（图 7 - 14）。

(a)新80井，1846.2m，长9$_2$储层，缩颈型喉道，单偏光，10×10

(b)新283井，2252.3m，长9$_2$储层，缩颈型喉道，单偏光4×10

(c)新126井，2319m，长9$_2$储层，片状、弯片状喉道，单偏光，10×10

(d)丹43井，1587.3m，长9$_2$储层，片状、弯片状喉道，单偏光10×10

图 7 - 14 陕北地区长 9 油层组储层发育喉道类型

第二节 常规高压压汞实验研究

常规高压压汞实验是在高压条件下，将非润湿相的液态汞作为驱替流体，注入砂岩孔隙中，测量其毛细管压力，来获取有关孔喉大小、分选情况和连通性的定量参数，可以确定砂岩大孔及微裂缝的相关信息。

当汞在高压下被注入抽真空的岩石孔隙内后，须克服砂岩内部孔喉所产生的毛管阻力。当注汞压力平衡于孔喉毛管阻力时，即可得到该压力条件下进入砂岩内部

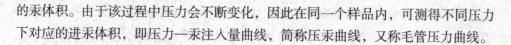
的汞体积。由于该过程中压力会不断变化，因此在同一个样品内，可测得不同压力下对应的进汞体积，即压力—汞注入量曲线，简称压汞曲线，又称毛管压力曲线。

1. 孔喉结构特征参数

在对陕北地区砂岩孔隙、喉道进行镜下定性分析之后，通过常规高压压汞技术得到储集层砂岩压汞数据，确定有关孔喉大小、分选情况和连通性的定量参数，绘制毛细管压力曲线，对孔隙结构特征进行分析及分类。反映孔隙结构特征的毛管压力参数有很多，主要包括表征孔喉大小的参数、孔喉分布特征的参数及孔喉连通性特征的参数。

1）孔喉大小特征参数

表征孔喉大小的常用参数主要有喉道半径中值、排驱压力及毛管压力中值等。喉道半径中值是进汞量达到50%时对应的喉道半径值，该值越大孔隙结构越好。毛管压力中值是进汞量达到50%时对应所施加的毛管压力大小，该值越小说明孔隙连通性、渗流性越好。排驱压力是汞进入孔喉时的最初压力值，该值越低，说明岩石内部最大连通程度发育越好。根据陕北地区长9储层孔隙结构参数显示（表7-1），孔隙结构参数整体变化范围较大。

表7-1   陕北地区长9储层孔隙结构参数对比表

参数		物　性		喉道大小			孔喉分布特征				孔喉连通性		样品数量
层位		孔隙度/%	渗透率/×10⁻³μm²	排驱压力/MPa	压力中值/MPa	半径中值/μm	均值系数	分选系数	变异系数	歪度系数	最大进汞饱和度	退汞效率/%	
长9₁	最大值	15.14	69.17	2.9	81.78	4.32	13.03	4.5	0.53	3.23	94.81	45.87	31
	最小值	6.3	0.10	0.007	0.17	0.008	6.6	1.1	0.09	0.94	58.35	8.69	
	平均值	10.8	5.59	0.9	15.72	0.48	10.92	2.37	0.21	1.08	81.74	26.47	
长9₂	最大值	14.4	35.69	1.81	43.92	1.98	12.82	3.63	0.36	1.98	93.27	44.75	31
	最小值	5.47	0.1	0.004	0.37	0.02	7.52	1.17	0.12	0.78	65.88	8.97	
	平均值	10.59	2.26	0.72	8.3	0.28	10.74	2.41	0.25	0.93	80.38	25.76	

长9₁段孔喉半径中值为0.008～4.32μm，平均为0.48μm。毛管压力中值为0.17～81.78MPa，平均为15.72MPa。排驱压力为0.007～2.9MPa，平均为0.9MPa。长9₂段孔喉半径中值为0.02～1.98μm，平均为0.28μm。毛管压力中值为0.37～43.92MPa，平均为8.3MPa。排驱压力为0.004～1.81MPa，平均

为 0.72MPa。

以上参数特征反映出长 9 储层孔喉大小分布不均，其中，长 9_2 段最大孔喉较长 9_1 段更发育，但其分布均匀程度较长 9_1 段差。

2）孔喉分布特征参数

表征孔喉分布特征的常用参数包括孔喉分选系数、均值系数、变异系数及歪度系数等。这些参数综合反映了孔喉整体分布特征及分散程度。分选系数值越小，则反映孔喉分选越好，分布越均一。均值系数值越高，孔喉分选越好。变异系数反映孔喉的分散集中程度，该值越小，孔喉分布越均一。歪度反映孔喉主体分布相对于平均值的位置，该值为正值则代表粗歪度，该值为负值则代表细歪度，越粗分布越均一。实验结果所得参数显示如表 7-1 所示。

长 9_1 段分选系数为 1.1~4.5，平均为 2.37；均值系数为 6.6~13.03，平均为 10.74；变异系数为 0.09~0.53，平均为 0.23；歪度系数为 0.94~3.23，平均为 1.08；全部为粗歪度。长 9_2 段分选系数为 1.17~3.63，平均为 2.41；均值系数为 7.52~12.82，平均为 10.92；变异系数为 0.12~0.36，平均为 0.23；歪度系数为 0.78~1.98，平均为 0.93，全部为粗歪度。

以上参数特征反映出长 9 储层整体分选程度较差，孔喉相对较粗，长 9_1 段和长 9_2 段孔喉分布程度整体接近，但各参数显示长 9_1 段孔喉分布均匀程度仍较长 9_1 段高。

3）孔喉连通性参数特征

表征孔喉连通性常用的参数有最大进汞饱和度和退汞效率等。这些参数可以直观地体现岩石内部连通性和渗流性的能力。最大进汞饱和度反映砂岩内连通的有效孔喉发育程度，其值越大，孔喉连通性能越好，储集能力越高。退汞效率为进汞饱和度达到最高后的释放压力，汞流体可以退出的量占总进汞量的比例，反映流体的可动用程度，可以表征采收率程度。实验结果所得参数显示如表 7-1 所示。

长 9_1 段最大进汞饱和度为 58.35%~94.81%，平均为 81.74%；退汞效率为 8.69%~45.87%，平均为 26.47%。长 9_2 段最大进汞饱和度为 65.88%~93.27%，平均为 80.38%。退汞效率为 8.97%~44.75%，平均为 25.76%。

孔喉连通性参数显示，陕北地区长 9 储层具有较高的最大进汞饱和度，但退汞效率低，说明长 9 储层储集能力较高，但可采出能力较差，整体连通性一般。参数对比显示，长 9_1 段孔喉连通程度较长 9_1 段好。

综合上述表征孔喉结构特征的参数显示出陕北地区长 9 油层组砂岩储层具有强烈孔隙结构非均质性。

2. 毛管压力曲线特征

压汞法是众多获取毛管压力曲线方法中最常见的一种。高压压汞实验分析后可以获得不同样品的毛细管压力曲线，不同的微观孔隙结构特征参数在毛细管压力曲线中表现出不同的形态特征，毛管压力曲线的形态特征可以体现不同类型的孔喉发育及连通情况的信息。根据不同的毛细管压力曲线特征，将陕北地区长9储层砂岩62块样品归类研究，大致分为以下4类典型曲线形态（图7-15）。其中不同形态的毛细管压力曲线对应一定范围的物性参数和孔隙结构参数（表7-2），据此将孔隙结构类型分为4类。

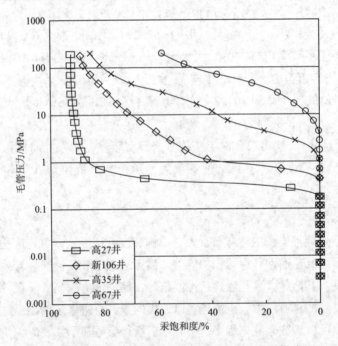

图7-15 陕北地区长9油层组典型毛管压力曲线分布图

（1）Ⅰ类：排驱压力低，约为0.007~1.172MPa，平均为0.302MPa；孔隙度很大，为12.14%~15.14%，平均值为14.17%；渗透率高，为12.59~69.17×$10^{-3}\mu m^2$，平均值为34.49×$10^{-3}\mu m^2$；孔喉半径中值为0.13~4.32μm，平均值为1.76μm。这类曲线在毛管压力曲线图中位于图的中部偏左下，曲线水平平台段较宽。这类曲线代表的是孔喉结构较好、有效孔隙度较高的砂岩储层类型。

（2）Ⅱ类：排驱压力较Ⅰ类有所增高，约为0.007~0.72MPa，平均值为0.33MPa；孔隙度降低，为10.14%~12.59%，平均值为11.39%；渗透率也相应变低，范围为 $0.503 \times 10^{-3} \sim 3.49 \times 10^{-3} \mu m^2$，平均值为 $1.49 \times 10^{-3} \mu m^2$；中值半径为 $0.009 \sim 2.16 \mu m$，平均值为 $0.56 \mu m$。这类曲线位于毛管压力曲线图中部偏上，曲线水平平台段有所变窄。这类曲线代表的是孔喉结构中等、有效孔隙度中等的砂岩储层类型。

（3）Ⅲ类：排驱压力增高，为 $0.004 \sim 1.81 MPa$，平均值为 $1.01 MPa$；孔隙度为 $5.47\% \sim 12.35\%$，平均值为 9.59%；渗透率为 $0.1 \times 10^{-3} \sim 0.5 \times 10^{-3} \mu m^2$，平均为 $0.26 \times 10^{-3} \mu m^2$；中值半径为 $0.009 \sim 1.98 \mu m$，平均值为 $0.17 \mu m$。在毛细管压力曲线图上，曲线位于图的中部偏右上方，曲线水平平台发育不明显，整体为陡斜型。这类曲线代表的是孔喉结构偏差、有效孔隙度较低的砂岩储层特征。

表 7 - 2　陕北地区长 9 储层不同毛细管压力曲线特征分类表

毛管压力曲线类型			Ⅰ类	Ⅱ类	Ⅲ类	Ⅳ类
物性参数	孔隙度/%	变化范围	12.14 ~ 15.14	10.14 ~ 12.59	5.47 ~ 12.35	5.41 ~ 10.11
		平均值	14.17	11.39	9.59	7.28
	渗透率/$10^{-3} \mu m^2$	变化范围	12.59 ~ 69.17	0.50 ~ 3.49	0.102 ~ 0.49	0.043 ~ 0.1
		平均值	34.50	1.50	0.26	0.077
孔隙结构参数	排驱压力/MPa	变化范围	0.007 ~ 1.17	0.007 ~ 0.72	0.004 ~ 1.81	0.720 ~ 4.51
		平均值	0.30	0.33	1.01	2.06
	孔喉半径中值/μm	变化范围	0.12 ~ 4.32	0.009 ~ 2.16	0.009 ~ 1.98	0.006 ~ 0.08
		平均值	1.76	0.56	0.17	0.033
	分选系数	变化范围	1.10 ~ 3.04	1.70 ~ 4.09	1.72 ~ 4.5	1.97 ~ 4.94
		平均值	2.22	2.48	2.69	2.99
	歪度系数	变化范围	1.42 ~ 3.23	0.89 ~ 2.14	0.78 ~ 2.03	1.34 ~ 1.82
		平均值	1.94	1.54	1.61	1.56
	最大进汞饱和度/%	变化范围	84.78 ~ 92.84	78.50 ~ 93.24	63.69 ~ 94.81	58.75 ~ 88.94
		平均值	90.58	88.37	83.87	78.77

（4）Ⅳ类：排驱压力明显增高，为 $0.72 \sim 4.51 MPa$，平均值为 $2.06 MPa$；孔隙度低，为 $5.41\% \sim 10.11\%$，平均为 7.28%；渗透率为 $0.04 \sim 0.1 \times 10^{-3} \mu m^2$，平均为 $0.08 \times 10^{-3} \mu m^2$；中值半径为 $0.006 \sim 0.08 \mu m$，平均值为 $0.03 \mu m$。位于毛细管压力曲线图中右上方的位置，曲线倾斜，无水平平台发育，反映储层岩石致密，孔喉结构差，非均质程度高，有效孔隙度低的砂岩储层类型。

4 种孔隙结构组合类型共存于砂岩储层中，使得陕北地区储层微观非均质性加强。

根据陕北地区长9油层组小层长9$_1$段和长9$_2$段实验样品的毛管压力曲线分布特征可知（图7-16、图7-17），长9$_1$段Ⅰ~Ⅳ类曲线类型皆有发育，其中主要类型为Ⅰ类和Ⅲ类，以Ⅲ类最多。长9$_2$段仅发育Ⅱ~Ⅳ类3类曲线类型，不发育Ⅰ类曲线，其中主要类型为Ⅲ类（表7-3）。两段主要的差别体现在Ⅰ类曲线发育情况，其他类型所占比例差异不大。总体上，长9储层孔隙结构非均质性强，体现出典型的低孔低渗储层特征，但长9$_1$段孔喉结构优于长9$_2$段。

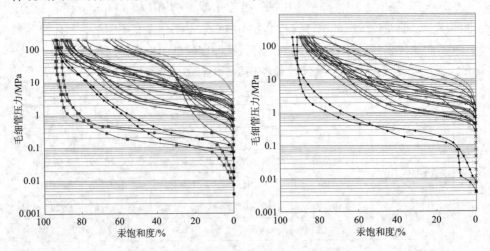

图7-16　长9$_1$储层毛管压力特征图　　图7-17　长9$_2$储层毛管压力特征图

表7-3　陕北地区长9储层毛管压力曲线类型统计表

层位	毛管压力曲线类型			
	Ⅰ类	Ⅱ类	Ⅲ类	Ⅳ类
长9$_1$	11.1%	7.4%	77.8%	3.7%
长9$_2$	0	10.5%	84.2%	5.3%

第三节　恒速压汞技术实验研究

在利用常规高压压汞对陕北地区长9储层的孔喉大小、分布及连通性作出初步研究后，为了进一步深入研究储层微观孔喉结构的特征，选用恒速压汞技术实验来进行。恒速压汞技术是目前定性—定量化研究储层微观孔喉结构特征的先进、高效的手段之一。

1. 恒速压汞实验原理

恒速压汞技术是将流体汞以接近静态的、极低的定速下（通常为 5×10^{-5} mL/min）注入岩石样品中，使其进入岩样的孔隙和喉道中。这一实验的基础是假设在这一过程中，界面张力、界面接触角不发生变化。随着进汞体积的增加，流体不断进入喉道和孔隙（这里的喉道和孔隙皆为有效孔喉）。由于喉道的毛管压力较大，在流体进入喉道处，进汞压力升高；而孔隙空间较大，毛管压力较小，流体汞进入孔隙处，进汞压力骤降。这种进汞压力升降和进汞体积曲线变化可以区分出孔隙和喉道，从而获得孔隙和喉道的数量及其分布信息，以及孔隙、喉道半径比分布等岩石微观特征参数，最终可以分别获得孔隙和喉道的毛管曲线。图 7-18 为模拟汞注入砂岩内部不同孔隙喉道的过程的示意图，图 7-19 为记录进入不同孔隙喉道过程中进汞体积所对应的压力变化的示意图。

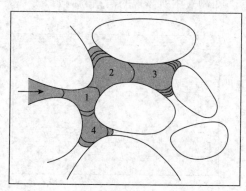

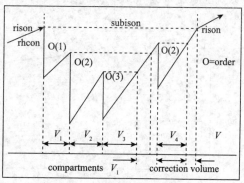

图 7-18　恒速压汞技术孔隙结构示意图　　　图 7-19　恒速压汞原理示意图

恒速压汞技术与常规高压压汞的区别在于：首先，不同于常规高压压汞以一条毛管压力曲线表征不同孔隙结构变化的局限性，恒速压汞能够区分孔隙和喉道两者的大小与数量分布；其次，恒速压汞是接近静态的进汞速度，可以更准确地测量孔喉的毛管压力和有效孔喉的数量。另外，恒速压汞实验在多方面具有明显的先进性。但该实验具有实验难度高、实验周期长及价格成本偏高的特点，区别于常规高压压汞具有样品数量上的优势。

2. 实验结果分析

选取 3 块陕北地区延长组长 9 油层组砂岩样品，各样品的基本信息如表 7-4 所示。样品使用中国石油勘探开发研究院廊坊渗流流体力学研究所引进的 ASPE-

111

730 型恒速压汞实验装置进行实验分析。由于恒速压汞实验技术操作精细，实验效果好，导致实验完成周期长，因此仅对 3 块样品进行分析。实验结果仅反映样品砂岩自身的特点，仅反映储层中存在的特征。

表 7 - 4　陕北地区长 9 油层组恒速压汞实验样品基本信息

样号	井号	深度/m	层位	孔隙度/%	渗透率/$10^{-3}\mu m^2$	岩石密度/（g/cm^3）	样品体积/cm^3	孔隙体积/cm^3
1	高 89	1987.3	长 9_1	8.75	0.51	2.42	4.13	0.36
2	桥 22	1484.1	长 9_2	7.66	0.38	2.46	3.07	0.24
3	新 270	2123.3	长 9_1	6.72	0.05	2.52	4.96	0.33

恒速压汞实验给出 3 条恒速压汞毛管压力曲线，分别为总毛管压力曲线、孔隙毛管压力曲线及喉道毛管压力曲线（图 7 - 20），以及有关样品物性、平均孔喉参数及孔喉进汞饱和度参数等信息（表 7 - 5）。对图表中所体现的信息分析如下。

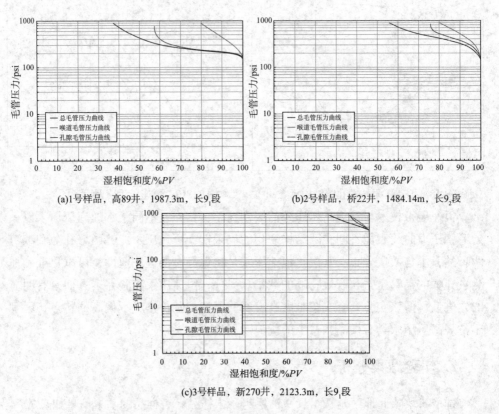

(a)1号样品，高89井，1987.3m，长9_1段　　　(b)2号样品，桥22井，1484.14m，长9_2段

(c)3号样品，新270井，2123.3m，长9_1段

图 7 - 20　陕北地区长 9 油层组恒速压汞毛管压力曲线图

表 7 – 5   陕北地区长 9 油层组恒速压汞实验孔喉结构特征参数

样号	孔隙半径/μm	喉道半径/μm	孔喉半径比	单位体积岩样有效喉道体积/(mL·cm⁻³)	单位体积岩样有效孔隙体积/(mL·cm⁻³)	孔隙进汞饱和度/%	喉道进汞饱和度/%	总孔隙进汞饱和度/%	排驱压力/MPa
1	171.5	0.41	480.98	0.018	0.037	42.51	20.23	62.74	0.16
2	167.24	0.30	648.54	0.015	0.018	24.08	19.99	44.07	0.15
3	161.96	0.19	884.26	0.007	0.006	9.33	9.99	19.32	0.43

1）恒速压汞毛管压力曲线特征分析

从图 7 – 20 和表 7 – 4 中可见，3 块样品虽采自同一地区的同一地层中，但曲线形态各异，相差较大，也体现出孔喉分布具有较强的非均质性。从 1 号到 3 号样品总进汞饱和度依次降低，整体上孔喉结构参数与孔喉进汞饱和度呈正比，与样品物性呈正比。在一定压力范围之内，孔隙进汞饱和度与总进汞饱和度近乎重合，说明一开始大孔隙起主导作用，超过一定压力后孔隙进汞饱和度不变，而喉道进汞饱和度继续增加，说明此时喉道开始作为主要渗流通道。因此认识到：对于物性较好的样品，孔隙进汞饱和度贡献大，说明大孔隙起着关键作用；对于物性较差的样品，喉道起着关键作用。

2）喉道特征分析

恒速压汞的喉道特征可以反映出喉道半径大小及其分布以及有效喉道体积等信息。喉道半径越大，表示渗流的通道越宽，喉道体积是喉道半径大小、喉道个数等的综合反映。岩样的喉道半径越大、喉道体积越大，喉道发育程度就越高，流体在岩样内越容易流动。

喉道半径大小及其分布：1 号样品喉道半径分布在 0.1~0.6μm 的范围（图 7 – 21），峰值为 0.4μm，喉道平均半径为 0.4μm。2 号样品喉道半径分布在 0.1~0.7μm 的范围，峰值分布为 0.2μm，喉道平均半径为 0.25μm。3 号样品的喉道半径分布范围有限，仅在 0.1~0.2μm 有所分布，峰值为 0.1μm，喉道平均半径为 0.13μm。可见 1 号样品相比于 2 号、3 号样品的喉道平均半径和主流喉道半径较大。但这 3 块样品整体仍以微细喉道为主。

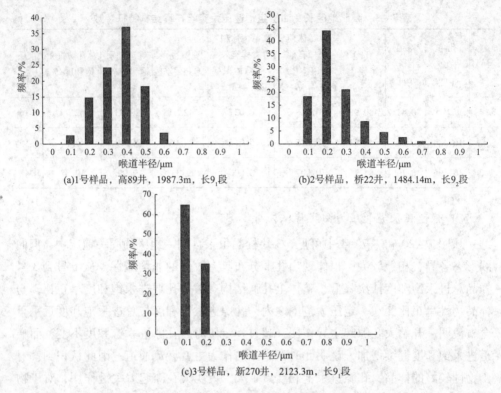

(a)1号样品，高89井，1987.3m，长9₁段

(b)2号样品，桥22井，1484.14m，长9₂段

(c)3号样品，新270井，2123.3m，长9段

图7-21　陕北地区长9油层组样品恒速压汞喉道半径分布图

对比各样品恒速压汞喉道半径平均值所对应物性大小（图7-22），可见喉道半径平均值与渗透率呈正相关性，线性相关性强，而与孔隙度呈不明显的正相

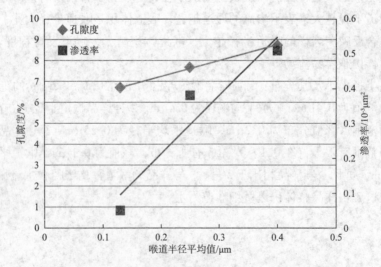

图7-22　恒速压汞所得喉道半径平均值与物性对应关系

关关系。说明喉道半径影响的主要为渗透率，对孔隙度有一定影响。

有效喉道体积：1 号样品的单位体积岩样中有效喉道体积为 0.018 mL/cm^3，2 号样品为 0.015 mL/cm^3，3 号样品为 0.007mL/cm^3。渗透率最差的 3 号样品单位体积有效喉道体积最小，与另外两个样品差距较大，渗透率也较 1 号和 2 号样品低很多。说明有效喉道体积可以影响渗透率的高低。

3）孔隙特征分析

恒速压汞孔隙发育特征可以反映出砂岩样品内有效孔隙半径的大小和分布情况，以及有效孔隙体积。

（1）有效孔隙半径大小及分布特征。

1 号样品孔隙半径分布在 80～280μm，主要孔隙半径值分布为 100～200μm，峰值为 180μm（图 7–23），样品的气测孔隙度为 8.75%，渗透率为 0.51 × 10^{-3} μm^2。2 号样品孔隙半径为 100～300μm，主峰值为 180μm，样品的气测孔隙度为 7.66%，渗透率为 0.38 × 10^{-3} μm^2。3 号样品主要分布在 100～250μm，主峰值 180μm，样品的气测孔隙度为 6.72%，渗透率为 0.05 × 10^{-3} μm^2。可见 3 块样品分布区间不同，1 号样品分布范围最大，但 3 块样品的主峰值几乎一致。3 块样

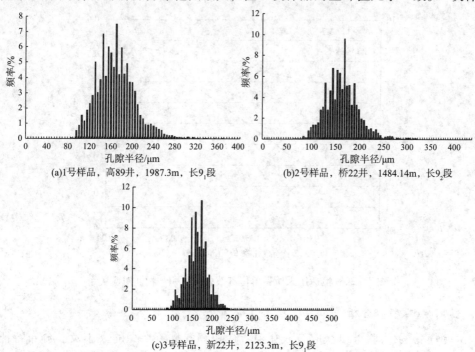

(a)1号样品，高89井，1987.3m，长9$_1$段   (b)2号样品，桥22井，1484.14m，长9$_2$段

(c)3号样品，新22井，2123.3m，长9$_1$段

图 7–23　陕北地区长 9 油层组恒速压汞各样品孔隙半径分布特征

品的孔隙度差别较小，渗透率差别较大，说明有效孔隙半径对渗透率没有影响作用，间接证实了对渗透率有控制作用的主要为多孔介质的喉道，与孔隙相关性不强。

（2）有效孔隙体积特征与物性关系。

气测孔隙度所得结果为砂岩内所有孔隙体积与喉道体积之和，仅能表征储层绝对储集空间。不同于气测孔隙度，恒速压汞实验所测得的单位体积有效孔隙体积可以反映砂岩内有效的储集空间。

1 号样品的单位体积有效孔隙体积为 0.037mL/cm^3，对应气测孔隙度为 8.75%，渗透率 0.51×10^{-3} μm^2。2 号样品的单位体积有效孔隙体积分别为 0.018mL/cm^3，对应气测孔隙度为 7.66%，渗透率为 0.38×10^{-3} μm^2。3 号样品的单位体积有效孔隙体积为 0.006mL/cm^3，对应气测孔隙度为 6.72%，渗透率为 0.05×10^{-3} μm^2。

对各样品有效孔隙体积和对应的孔隙度、渗透率相比较（图 7 – 24），可以看出单位体积有效孔隙体积与孔隙度、渗透率均呈正相关，但与孔隙度的相关性较弱，与渗透率的相关性明显较好。

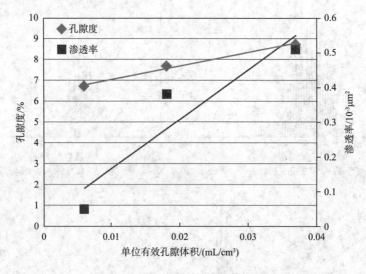

图 7 – 24　恒速压汞所得单位有效孔隙体积与物性对应关系

4）孔喉特征分析

恒速压汞实验可以获取有效孔隙半径和有效喉道半径的大小及其分布特征等信息，也可以获取岩石样品发育的孔喉半径比大小及分布信息。孔喉半径比可以反映孔喉之间相互配置关系。孔喉半径比越小，说明喉道越大，在样品内分布越多。

　　1 号样品孔喉半径比主要分布为 150~900，孔喉半径比平均值为 450.42，对应对应气测孔隙度为 8.75%，渗透率 $0.51 \times 10^{-3} \mu m^2$。2 号样品的孔喉半径比主要分布为 150~1200，孔喉半径比平均值为 731.2，对应气测孔隙度为 7.66%，渗透率为 $0.38 \times 10^{-3} \mu m^2$。3 号样品的孔喉半径比主要分布为 450~1500，变化区间范围大，孔喉半径比平均值为 750.5，对应气测孔隙度为 6.72%，渗透率为 $0.05 \times 10^{-3} \mu m^2$（图 7-25）。

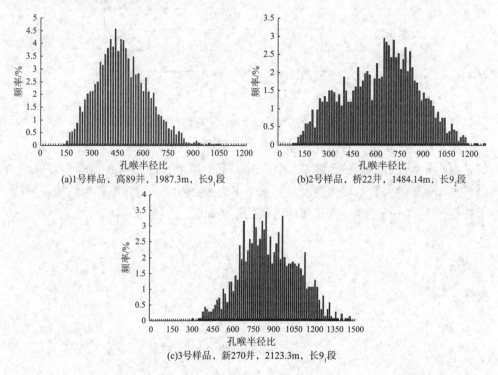

图 7-25　样品孔喉半径比分布特征

　　这 3 块样品的孔喉半径比分布形态差异较大，与对应孔隙度和渗透率对比（图 7-26），可见随着孔喉半径比增大，渗透率、孔隙度依次减小。越小的孔喉半径比值对应越大的孔隙度和渗透率，尤其体现在与渗透率的相关性上，与孔隙度的相关性明显较差。孔喉半径比越小，说明喉道半径越大，喉道的作用越大，对应与其相关性更强的渗透率也越大，也证明喉道对渗透率的控制作用更为强烈。

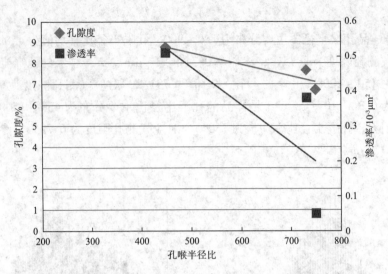

图 7 - 26　恒速压汞所得孔喉半径比平均值与物性对应关系

　　从实验结果中可以看出，样品孔喉结构具有大孔隙、细喉道，且分布不均一的特点，非均质程度高的孔喉结构特征也是导致其物性渗透率超低的主要原因。分析得知喉道的发育特征为控制储层渗透率的主要因素，而储层孔隙结构特征的多样性及不均一性是导致储层非均质性的主要原因。

第八章　储层微观渗流特征

通过前面章节已知，鄂尔多斯盆地陕北地区长9砂岩储层属于低渗透储层，储层非均质性强、微观孔隙结构特征多样化，直接导致油水渗流规律复杂多变，并出现一系列开发过程的问题。鄂尔多斯盆地低渗透油藏表现出"非达西渗流"特征明显、驱替压力梯度大、可动流体饱和度较高等开发渗流特点。目前，注水开发仍然是石油开发技术中应用规模最广、开发成本最低的一种开发方式。但鄂尔多斯盆地低渗透油藏在注水开发过程中常出现注入水沿高渗带窜流、含水上升速度快、油井产量低等问题。为更好地解决低渗透油藏开发过程中的问题，更高效地提高开发采收率，弄清低渗透油藏开发过程中储层的微观渗流特征、剩余油分布规律及驱油效率等影响因素则变得十分重要。

目前，研究储层微观渗流特征的技术方法主要有：核磁共振实验法、油水相渗实验法及微观模型水驱油实验法等。选择核磁共振实验和微观模型水驱油实验为研究手段分析陕北地区长9储层微观渗流特征。其中，核磁共振技术可以通过核磁共振信号弛豫获取岩石孔隙度、渗透率、孔隙结构特征及孔隙流体性质含量等信息，对低渗透油田岩心可动流体百分数进行精确定量测量，并已在众多地区储层渗流特征研究中应用。而微观模型水驱油实验法模拟注水开发过程，从微观角度分析低渗透砂岩储层水驱油特征和流体渗流机理，其有效性亦在众多储层开发研究中得以实践。

第一节　核磁共振实验分析

核磁共振实验技术（NMR）作为一种新兴的技术方法，可以有效地判别储层流体可动程度，目前已在石油勘探开发领域得到广泛应用。相比于传统的实验手段，其具有快速、无损、精确、直观、经济等特点。本小节通过此项实验技术有效获取可动用流体饱和度，分析影响可动流体饱和度的主控因素。

1. 实验原理

将实验样品置于静磁场中，如果对其施加一定频率的射频脉冲，岩石孔隙中流体所含氢核会发生核磁共振。在去掉射频脉冲影响后，氢核释放射频脉冲能量，会产生能量衰减信号，称之为核磁共振信号，该衰减过程称为弛豫，衰减的时间常称为弛豫时间。常使用横向弛豫时间（即 T_2 弛豫时间）来进行核磁共振测量。衰减过程会产生 T_2 衰减叠加曲线，称为 T_2 谱。由于不同的孔隙发生弛豫的时间不同，所以 T_2 谱可以反映岩石内部孔隙半径大小的发育情况，其中较高的 T_2 值表征较大的孔隙，较低的 T_2 值表征较小的孔隙类型。孔隙半径极小时，产生极大的毛细管力，流体动力无法克服阻力，为不可动流体。该孔隙对应的 T_2 谱称为 T_2 截止值（$T_{2cutoff}$）。利用该值可将可动流体与不可动流体分开，获取可动流体参数。

2. 确定 T_2 截止值

$T_{2cutoff}$ 是作为区分可动流体和束缚流体的重要评价参数，通常以该值为准将 T_2 谱分成两类，分布于 $T_{2cutoff}$ 左侧的所有 T_2 分布累加为束缚流体孔隙体积，分布于 $T_{2cutoff}$ 右侧的所有 T_2 分布累加为可动流体孔隙体积，因此，准确确定 $T_{2cutoff}$ 对实验结果而言非常关键。早期该值在碎屑岩储层中通常为单一固定值，取 33ms。但后期研究证实，$T_{2cutoff}$ 取固定值是不准确的，由于储层砂岩岩性特征不同和地层流体性质差异，每个样品的 $T_{2cutoff}$ 值是不同的。

选择孔隙度累加法确定 $T_{2cutoff}$ 值。首先将岩样完全饱和水，测量 T_2 谱，得到饱和谱面积累加曲线和有效孔隙度值，然后对岩样进行离心脱水处理，测量束缚水时 T_2 谱分布，得到离心谱面积累加曲线和束缚水孔隙体积值，找出离心谱面积累加曲线的最大值，以该值为起点，作一条平行于横坐标轴的直线，与饱和谱面积累加曲线相交于一点，该点所对应的横坐标 T_2 值即是所需的 $T_{2cutoff}$ 值。

3. 核磁实验结果分析

选取陕北地区长 9 油层组 4 块含油砂岩岩心样品进行核磁共振实验分析，获得系列的参数指标（表 8-1），及 4 幅核磁共振 T_2 谱图，图谱的横坐标为 T_2 弛豫时间，纵坐标为不同弛豫时间对应的孔隙度分量。

表8-1　陕北地区长9油层组岩心样品核磁共振实验结果数据表

样号	井号	深度/m	层位	压汞孔隙度/%	压汞渗透率/$10^{-3}\mu m^2$	核磁孔隙度/%	可动流体饱和度/%	束缚水饱和度/%	可动流体孔隙度/%	弛像时间界限值/ms
1	新270	2115.2	长9₁	7.670	0.152	7.709	52.806	47.194	4.07	24.36
2	高135	1976.5	长9₂	3.725	0.11	3.745	37.011	62.989	1.386	5.367
3	高75	1720.3	长9₁	4.357	0.0124	4.451	32.404	67.596	1.442	4.867
4	高89	2009.3	长9₁	10.221	0.0854	10.599	23.419	76.581	2.482	38.051

从实验数据表中可见，1号样品可动流体饱和度为52.806%；2号样品可动流体饱和度为37.011%；3号样品可动流体饱和度为32.404%；4号样品可动流体饱和度为23.419%。从T_2谱图可见：4块样品皆呈双峰态，主峰的分布各有不同。1号和4号样品为不明显的双峰态，但主峰位置较明显，位于T_2截止时间的右侧，说明样品主要发育大孔喉，孔隙喉道的连通性偏好，但T_2截止时间左侧的存在说明样品同时还发育细小孔喉，孔喉大小不均；且4号样品比1号样品T_2截止时间左侧的区域多，说明4号样品细小孔喉较多。2号和3号样品表现为明显的双峰态，主峰位于T_2截止时间的左侧，说明样品中占据主要位置的为细小孔喉；且2号样品的双峰跨度较大，说明2号样品的孔喉分布范围较大（图8-1）。

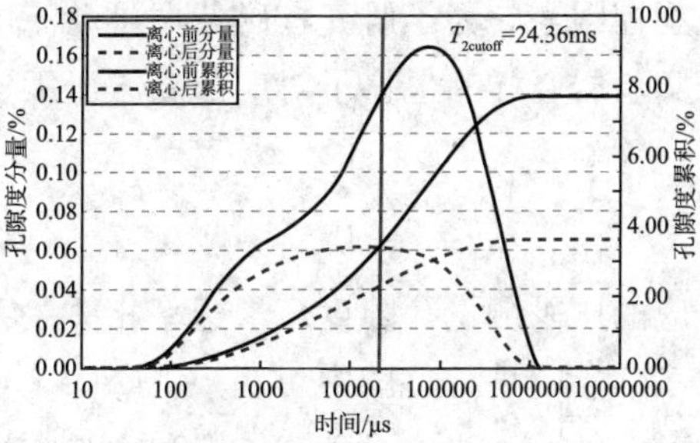

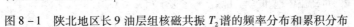

(a)新270井，2115.15m，长9₁　　(b)高135井，1976.5m，长9₂

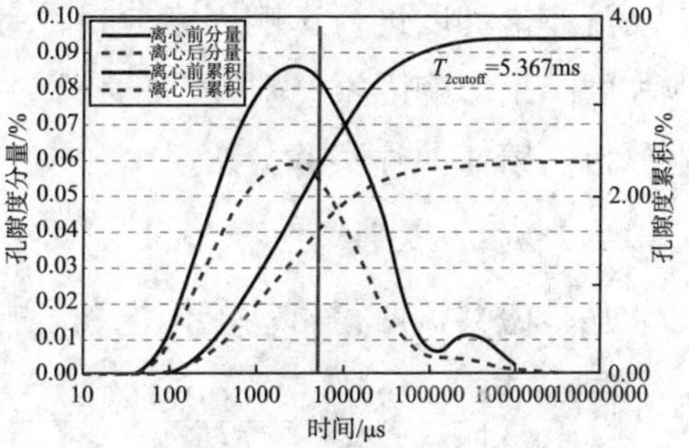

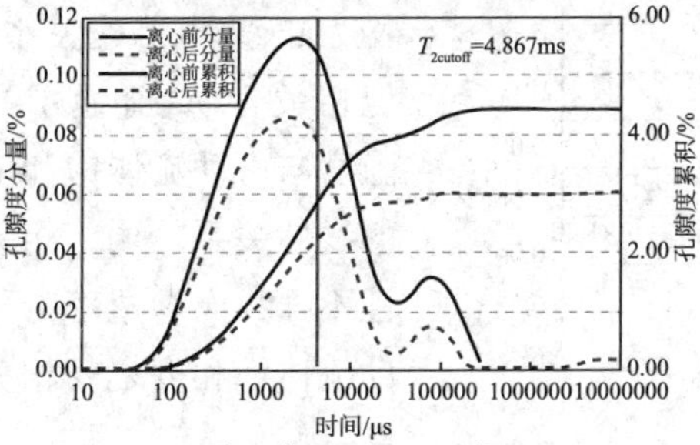

(c)高75井，1720.3m，长9₁　　(d)高89井，2009.26m，长9₁

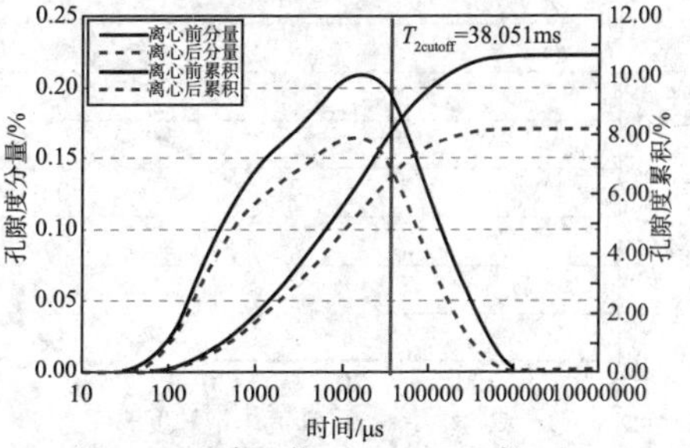

图8-1　陕北地区长9油层组核磁共振T_2谱的频率分布和累积分布

根据油气田生产开发过程中总结的经验，可以以可动流体饱和度的值作为储层分类的标准。按照可动流体饱和度的由高到低，将储层分为Ⅰ～Ⅴ类（表8－2）。参照这一分类标准，1号样品是Ⅱ类（较好）储层，2号样品是Ⅲ（中等）储层，3号、4号样品是Ⅳ类（较差）储层。

表8－2　利用可动流体饱和度分类划分储层标准

可动流体饱和度/%	储层分类
>65	Ⅰ类（好）
50~65	Ⅱ类（较好）
35~50	Ⅲ类（中等）
20~35	Ⅳ类（较差）
<20	Ⅴ类（很差）

4. 可动流体饱和度影响因素分析

陕北地区低渗透储层地质条件复杂，微观孔隙结构特征多变，在多方面存在明显差异性，如填隙物特征、物性、孔隙类型、孔喉特征、成岩作用等方面。这些方面的差异造成了储层可动流体渗流方面的差异性。因此，从可能的多方面对可动流体饱和度进行影响因素分析，寻找主控因素。为了研究核磁共振可动流体饱和度结果影响因素，对相应的核磁共振实验岩心样品也作了对应的高压压汞实验分析、铸体薄片实验分析。

1）物性相关性

从核磁共振所得可动流体饱和度与对应的压汞测量孔隙度、渗透率相关关系图中可见（图8－2），可动流体饱和度与物性均为正线性相关关系，但相关性 R^2 值显示孔隙度与可动流体饱和度的线性关系较弱，相关性不强，而渗透率与可动流体饱和度之间相关性较好。

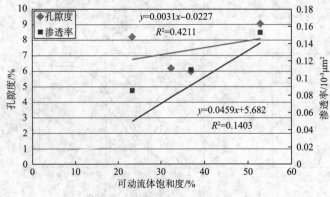

图8－2　可动流体饱和度与孔隙度、渗透率相关关系

2）孔喉结构参数

运用高压压汞法所得毛管压力曲线参数与可动流体饱和度进行耦合对比，选用的参数主要有反应孔喉大小及反映孔喉分选的孔喉结构参数。从孔喉大小参数相关关系图中可见（图 8－3、图 8－4），可动流体饱和度与排驱压力呈负相关性，与最大孔喉半径呈正相关性，与压力中值呈负相关性，与半径中值呈正相关性。根据各参数大小分别反映的孔喉结构意义，可知孔喉大小参数与可动流体饱和度呈正相关性，且根据相关性程度 R^2 值显示，相关关系较好。从孔喉分选参数相关关系图中可见（图 8－5），可动流体饱和度与分选系数呈负相关性，与歪度呈正相关性，说明可动流体饱和度与孔喉分选参数正相关，但相关性程度较孔喉大小参数弱。

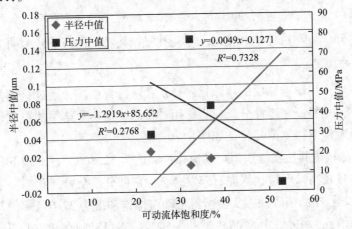

图 8－3　可动流体饱和度与半径中值、压力中值相关关系

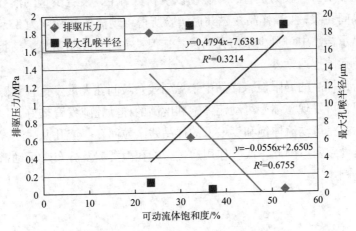

图 8－4　可动流体饱和度与排驱压力、最大孔喉半径相关关系

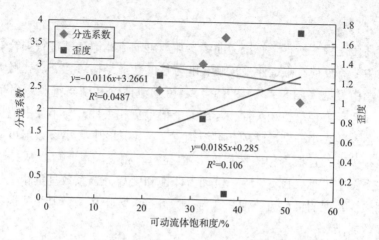

图 8-5　可动流体饱和度与分选系数、歪度相关关系

因此可知，可动流体饱和度的大小受孔喉结构特征的影响较为明显。

3）成岩作用

由于成岩作用影响储层的填隙物发育及孔隙发育情况，通过核磁共振实验样品对应铸体薄片特征来定性分析成岩作用对核磁共振实验结果的影响作用。各样品对应的显微镜下铸体薄片特征如图 8-6 所示。

1 号样品核磁共振实验所得可动流体饱和度为 52.806%，其镜下特征显示样品填隙物含量较高，环边状绿泥石膜发育，保留部分残余粒间孔隙，未见碳酸盐矿物胶结；2 号样品核磁共振实验所得可动流体饱和度为 37.011%，其镜下特征显示孔隙以溶孔为主；3 号样品核磁共振实验所得可动流体饱和度为 32.404%，其镜下特征显示云母较为发育，填隙物以伊利石为主，发育少量的溶孔及大量的黏土矿物晶间孔隙；4 号样品核磁共振实验所得可动流体饱和度为 23.419%，其镜下特征显示样品中可见少量溶孔的发育，但铁方解石胶结明显，使得有一定的面孔率，但孔隙连通性差。

由于所选样品的局限性，样品中未见到残余粒间孔大量发育且孔隙发育很好的样品，但仍可发现总体上可动流体饱和度高的样品孔隙发育较好，以残余粒间孔和溶孔为主；可动流体饱和度最低的样品残余粒间孔、溶孔几乎不发育，以微孔为主，岩性致密。因此，成岩作用通过影响孔隙类型及分布对可动流体饱和度产生相关影响。

(a) 1号样品：新270井，2115.2m，长9₁，残余粒间孔、少量溶孔，单偏光，4×10

(b) 2号样品：高135井，1976.5m，长9₂，填隙物多，溶孔发育，单偏光，10×10

(c) 3号样品：高75井，1720.3m，长9，微孔、少量溶孔，单偏光，4×10

(d) 4号样品：高89井，2009.3m，长9，微孔、少量溶孔，铁方解石发育，单偏光，4×10

图 8 - 6　陕北地区长 9 油层组核磁共振各样品对应铸体薄片特征

第二节　微观模型水驱油实验分析

1. 实验简介

1）实验设备及特点

实验采用西北大学大陆动力学国家重点实验室所配备的真实砂岩微观水驱油实验设备。该套设备由显微观察系统、加压系统、图像采集系统、抽真空系统4个单元构成（图8-7）。显微观察系统采用尼康体视显微镜，和图像采集系统配合可以随时记录实验现象。加压系统以空气压缩机加压，数字压力仪测压。

该设备的特点是因其制作过程精细，使储层原始砂岩基本特征、孔隙结构特征得以原样保留，可以更精确地模拟储层真实条件。并且由于设备具有图像观察和采集的能力，可以直观地观察纪录岩石样品中的驱替过程，使得所获得的微观渗流特征结果更加真实可信。

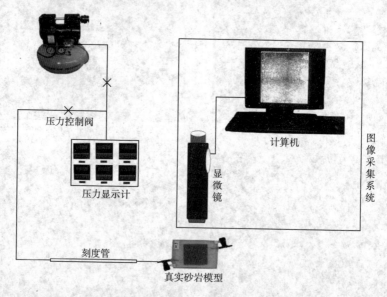

图 8 - 7　微观模型水驱油实验装置图

2）样品制备

实验所用砂岩模型样品来自于原始地层所取岩心。在不破坏砂岩样品内部结构的基础上，对岩心样品进行洗油、烘干、切片、磨平等技术处理，将处理好的样品夹于两片玻片中，固定后即可获得单个实验模型。需注意的是在粘薄片的过程中务必不可污染样品造成孔隙塞堵。模型为一个尺寸约为 2.5cm × 2.5cm、厚度约 0.6mm 的岩石薄片，承压能力为 0.2 ~ 0.3MPa，可耐最高温度 200℃。实验中各模型基本参数如表 8 - 3 所示。实验过程中实验用油根据实际地层原油配制，黏度约为 0.849g/cm^3，而实验用水根据实际地层水和注入水黏度配制，约为 1mPa·s。为方便实验观察，在实验用油中加入了少量染色用油溶红，实验用水中加入了少量甲基蓝。

126

表 8 – 3　陕北地区长 9 油层组微观水驱油模型基本参数

样品号	深度/m	层位	样品长/cm	样品宽/cm	样品厚/cm	孔隙度/%	气测渗透率/$10^{-3} \mu m^2$
新 270	2117.6	长 9	2.55	2.55	0.047	9.05	0.152
高 89	2005	长 9	2.5	2.6	0.054	8.19	0.085
新 22	2147.3	长 9	2.5	2.65	0.062	13.45	5.59
高 135	1957.3	长 9	2.5	2.55	0.058	9.24	0.254
新 283	2255.1	长 9	2.5	2.4	0.055	8.99	0.105

3）实验步骤

常规微观模拟水驱油实验的步骤主要为：①对模型抽真空并饱和水，模拟成藏前地层原始状况，利用模型体积及模型孔隙度值计算出各模型的孔隙体积，然后利用装在模型流体入口处的标准刻度毛细管计量水的流量测量模型的液体渗透率，经计算得到模型液测渗透率，结果见表 8 – 4；②对模型进行油驱水直至模型充分饱和油，对模型进行观察，并统计每一模型的原始含油饱和度；③对饱和油的模型进行水驱油，首先注入水量至模型一倍孔隙体积（1PV），记录模型的水驱油启动压力，统计砂岩模型剩余油饱和度，然后继续水驱至二倍（2PV）、三倍孔隙（3PV）体积，分别记录不同水驱倍数下的剩余油饱和度；④估算驱油效率。

2. 驱替特征分析

1）油驱水特征

实验模型的润湿性为弱亲水，因此在模型饱和水再油驱水的过程，可以理解为非润湿相驱替润湿相的过程。该过程观察结果显示，各模型油驱水启动压力为 0.003 ~ 0.13MPa，平均值为 0.08MPa，原始含油饱和度为 45.73% ~ 85.36%，平均为 61.63%（表 8 – 4）。

表 8 – 4　陕北地区长 9 油层组油驱水特征统计表

样品号	孔隙度/%	液测渗透率/$10^{-3} \mu m^2$	启动压力/MPa	原始含油饱和度/%
新 270	9.05	0.22	0.13	49.88
高 89	8.19	5.65	0.003	49.21
新 22	13.45	2.04	0.02	72.3
高 135	9.24	0.02	0.13	45.73
新 283	8.99	0.12	0.12	85.36

2）水驱油特征

该过程相当于润湿相驱替非润湿相的过程。水驱油特征主要通过驱替方式和残余油的分布特征进行表征。单一的驱替方式主要有均匀状驱替型、指状驱替型和网状驱替型。残余油分布形态有绕流残余油、卡断残余油。

（1）驱替方式。

对实验模型水驱油过程进行观察，水驱油过程主要有均匀状驱替型、指状驱替型和网状驱替型。均匀驱替型的特点是注入水沿低阻力孔道突进后波及面积在平面上均匀扩大，驱替面积大，驱油效率较高。指状驱替型表现为水驱过程呈现指状、线状推进，推进过程相对均匀稳定。随着水驱的进行，推进范围逐渐变大，可以过渡为网状驱替型，但通常形成的残余油面积较大。网状驱替型表现为水驱过程为网格状，是均匀驱替型和指状驱替型的过渡类型。但是由于驱替时间变化，观察视域不同，驱替类型并不是单一的。在同一模型中可以观察到多种驱替方式的组合形式。

显微镜下图像所示观察结果如图 8-8 所示，模型新 270 为网状型，由指状突破后变为网状驱替，驱油面积涉及模型大部分；模型高 89 水驱油过程中水沿油最先进入的区域进入，并较均匀地向前推进，驱替形式为网状—均匀状，驱油面积主要分布在模型的上半部，驱替面积较局限，但驱替均匀且逐渐扩大；模型新 22 为指状—网状组合型，模型上部为指状驱替，下部为网状驱替；模型新 283 为指状型，上、下各有两条指状驱替通道，驱油面积小，残余油面积大；模型高 135 为网状型。

（2）残余油分布特征。

实验模型中观察到的残余油分布类型有绕流残余油及卡断残余油两种。最主要的类型为绕流残余油，这种绕流现象往往是由孔隙结构非均匀质性引起的。在初始低压水驱阶段，注入水首先进行孔渗条件较好的部位，并向前突进，水驱主线基本形成，随着压力增加，突进部位向两边扩张，但基本驱油网络已经不变或者变化很小，而造成绕流现象，形成绕流残余油，按照其规模大小，又可以分为小范围绕流和大范围绕流。小范围绕流仅绕过几个含油孔隙喉道，在网状驱替模型中常见［图 8-9（a）］；大范围绕流面积较大，在指状和网状驱替模型中常见［图 8-9（b）］。卡断残余油存在于孔喉中。在水驱油过程中，随着孔隙介质中含油饱和度下降，会产生贾敏效应。孔喉不规则会引起孔喉半径突然变化，造成驱动力和毛管力不平衡。油流通过孔喉时，常会形成油流卡断在喉道处［图 8-9（a）］。这类卡断残余油常见于亲水油层中。在这 5 个模型中很少见到亲油岩石中常见的油膜残余油。

(a)新270井，注水倍数3PV，驱替压力p=0.14MPa

(b)高89井，注水倍数2PV，驱替压力p=0.02MPa

(c)新22井，注水倍数3PV，驱替压力p=0.02MPa

(d)新283井，注水倍数2PV，驱替压力p=0.12MPa

(e)高135井注水倍数3PV,驱替压力p=0.15MPa

图8-8 陕北地区长9油层组各模型水驱油镜下显微图像

(a)模型新22井，白色圈内为小范围绕
流残余油，深色圈内为卡断残余油

(b)模型新283井，圈内为大
范围绕流残余油

图8-9 残余油分布形态

3）估算驱油效率

水驱油实验结束后，统计各模型残余油饱和度，然后根据公式"驱油效率 = （原始含油饱和度 − 残余油饱和度）/原始含油饱和度"计算驱油效率，统计结果和计算结果见表 8 − 5。实验结果表明陕北地区长 9 弱亲水油层驱油效率为 27.91% ~ 55.19%，平均为 42.41%，其中，以网状和均匀状驱替方式驱油效率为最高。与安塞油田长 6 弱亲水油层组平均驱油效率 40.34% 相比，驱油效率略高；与中国 25 个主要注水油田的平均驱油效率 53.1% 相比，有两个模型接近或超过该水平。这也说明弱亲水油层水驱油效率较好，有利于水驱开发。

表 8 − 5 陕北地区长 9 油层组水驱油统计结果及驱油效率

| 模型号 | 启动压力/MPa | 原始含油饱和度/% | 不同水驱体积下残余油饱和度/% | | | 最终驱油效率/% | 驱替方式 |
			1PV	2PV	3PV	3PV	
新 270	0.1	49.88	28.56	24.91	22.35	55.19	网状
高 89	0.003	49.21	24.36	23.38	23.15	52.59	网状—均匀状
新 22	0.02	72.3	45.18	41.72	39.21	45.77	指状—网状
高 135	0.12	45.73	34.15	32.18	31.75	30.57	网状型
新 283	0.08	85.36	62.20	61.59	61.54	27.91	指状

3. 驱油效率影响因素

综合上述砂岩微观模型水驱油实验观察分析结果，确定不同模型最终驱油效率，发现原始含油饱和度和最终驱油效率之间并没有直接关系，含油饱和度高并不意味着驱油率高。为了给后期注水开发工作提供理论依据，从储层客观因素和人为可控因素两大方面对驱油效率可能的影响因素进行分析。储层客观因素主要包括储层物性条件、孔隙结构非均质性和储层润湿性等因素；人为可控因素主要是外界施加的可变因素，包括注入水体积倍数、驱替压力、注入水性质等。

1）储层物性

实验样品型所选自的陕北地区长 9 储层为低孔低渗储层。从相关性图中（图 8 − 10、图 8 − 11）可以看出，孔隙度和渗透率与驱油效率整体上呈正相关。模型的孔隙度、渗透率越高，驱油效率越高。但图中显示也有渗透率较低的模型却具有较高的驱油效率，比如模型新 270。这说明物性对驱油效率有一定影响，但并非关键因素。这类渗透率低但驱油效率较高的情况，可能是由于储层孔隙结构差异性导致的。

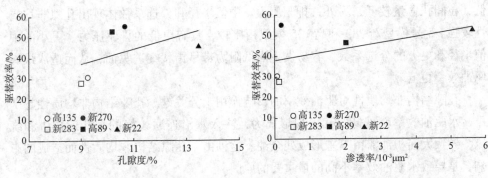

图 8 – 10 孔隙度与驱油效率相关性   图 8 – 11 渗透率与驱油效率相关性

2）孔隙结构非均质性

实验中各模型孔隙结构特征见表 8 – 6。前 3 个模型驱油效率较高，都超过45%。这 3 个模型孔隙类型都是以粒间孔和溶孔或其组合为主，面孔率较高，物性较好，排驱压力较低，中值半径较大，分选系数较低，说明孔隙结构非均质性整体较弱。其中 3 号模型新22，面孔率较高，排驱压力很低，中值半径较大，但是其最终驱油效率并不是最高的。原因是其分选系数较高，说明分选程度较差，孔隙结构不均一。从前面水驱油图像中可以看到，该模型水驱油呈指状—网状通道渗流，绕流面积比前两个模型大，说明在这种孔隙非均质性较强的模型中，注入水会首先沿阻力较小的大孔道突进，绕开阻力较大的孔道，形成较大面积的残余油。1 号和 2 号两个模型，物性较 3 号模型差，但是各参数体现的孔隙结构非均质性较弱，水驱油过程中，流动网络会逐渐扩大成均匀状或者网状，驱替过程稳定，最终驱油效率较高。

表 8 – 6   各模型孔隙结构特征与驱油效率

序号	模型号	孔隙类型	面孔率/%	粒间孔率/%	排驱压力/MPa	中值半径/μm	分选系数	最终驱油效率/%
1	新270	粒间孔	5.5	2.5	0.73	0.259	0.17	55.19
2	高89	溶孔—粒间孔	3.5	1.5	1.15	0.159	1.85	52.59
3	新22	溶孔—粒间孔	5	1	0.01	4.315	2.22	45.77
4	高135	溶孔—晶间孔	2	0.3	2.64	0.026	2.33	30.57
5	新283	溶孔	2.5	0.8	1.163	0.017	3.63	27.91

后两个模型驱油效率较低，几乎不超过30%。这两个模型的面孔率相对较低，粒间孔含量较低，另外，排驱压力、中值半径和分选系数体现出孔隙非均质性较强。5号模型新283和高135模型相比较，具有更低的排驱压力、更小的中值半径和更大的分选系数，容易发生沿低阻力带呈指状突进驱油，从而造成最终驱油效率更低。

孔隙结构非均质性对驱油效率的影响作用十分关键。孔隙结构非均质性越严重，水驱油效率就越低，其表现形式为，注入水沿连通较好的大孔道指进和绕流，导致大面积油滞留下来形成残余油。这种由于孔隙结构非均质性而造成的影响，是导致水驱油效率不高的最重要的原因。

3）润湿性

润湿性直接影响了水驱油方式、残余油的形态及类型和微观水驱油效率。实验模型润湿性为弱亲水，油相常分布在小孔道和孔隙边隅上，对驱油影响较小，且弱亲水储层容易发生自吸水驱油现象。从上文图表信息中可以看出，水驱油的启动压力小于油驱水的启动压力（表8-4、图8-5）。这类模型更容易发生活塞式驱油，驱替过程更加均匀彻底，驱油效率更高。

4）注水倍数

实验结果表明，当水驱注水倍数为1PV（一倍孔隙体积）和2PV时，驱油效率增加幅度最大，到3PV时只有少数模型驱油效率明显增加，其余模型已基本达到最终驱油效率（图8-12、图8-13）。当达到一定驱替倍数或驱替时间后，驱油效率几乎不发生变化。这说明水驱注入量对驱油效率有一定的影响，但不是主要影响因素。

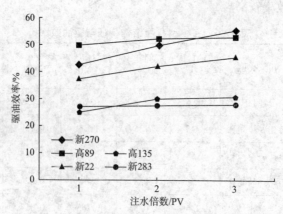

图8-12　各模型不同注水倍数与驱油效率相关关系

(a)新283井饱和油全视域

(b)新283井水驱油开始时全视域

(c)新283井水驱油1PV全视域

(d)新283井水驱油2PV全视域

图8－13　模型新283水驱油不同注水倍数下全视域特征

5）注水压力

实验从水驱油启动压力开始进行，常常还需要进行一次或二次增加压力来增加驱油效率。以模型新270为例，选取相同视域进行观察（图8－14），当驱替

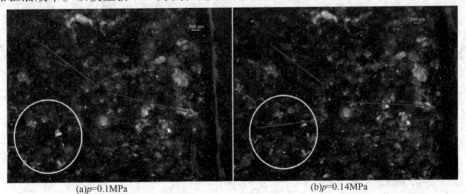

(a)p=0.1MPa

(b)p=0.14MPa

图8－14　模型新270井不同注水压力下水驱油局部视域图

133

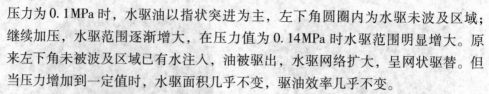

压力为0.1MPa时，水驱油以指状突进为主，左下角圆圈内为水驱未波及区域；继续加压，水驱范围逐渐增大，在压力值为0.14MPa时水驱范围明显增大。原来左下角未被波及区域已有水注入，油被驱出，水驱网络扩大，呈网状驱替。但当压力增加到一定值时，水驱面积几乎不变，驱油效率几乎不变。

因此，在一定范围内提高驱替压力可以增加驱油效率。这是因为一定的压力的升高，可以使驱动力克服界面张力和黏滞力所造成的阻力，使驱油通道畅通，从而提高驱油效率。

通过上述影响因素分析可知，影响如陕北地区长9油层组这类低渗透率储层驱油效率的因素有很多，如储层物性、孔隙结构非均质性、润湿性、注水倍数、驱替压力等，但对长9油层组最关键的影响因素是孔隙结构非均质性。孔隙结构非均质性越强，越容易发生绕流，使得驱油效率下降。

第九章　储层综合评价

近年来，"相控"理论在油气富集研究中起到了重要的指导作用。邹才能等（2005）提出的"相控论"认为油气成藏和分布受控于三大相：沉积相、构造相和成岩相的影响，对于岩性—地层油气藏而言，主控因素是沉积相和成岩相；庞雄奇等（2011）提出的"地质相"控油气，认为"构造相、沉积相、岩石相和岩石物理相"四大地质相类型，依此影响，一一相扣，对油气分布进行控制。这些观点皆认为是在这些相控的影响下，导致储集层的含油性、物性产生差异。

前面章节中介绍了鄂尔多斯盆地陕北地区长9油层组沉积构造基本特征。对陕北地区长9储层孔隙结构、成岩等特征进行分析，可知陕北地区受构造控制影响微弱，因此在"相控论"的思路指导下，本章以沉积微相、成岩作用（成岩相）和微观孔隙结构特征等为出发点，分析影响陕北地区储层物性的主要控制因素，探讨低渗透储层发育的原因，寻找低渗透背景下油气相对高渗储层形成的机理。

第一节　储层物性主控因素分析

1. 沉积微相影响因素分析

区域位置不同和物源差异导致其发育的沉积微相不同，不同的沉积微相导致沉积环境、水流强度的差异，进而影响砂体展布形态，导致砂岩颗粒粒度大小、成分和结构的差异。弱水动力条件下形成的沉积相（如深湖、浅湖等）所形成的细粒沉积物不易形成物性较好的储层，而强水动力条件下形成的沉积相（如冲积扇、水下扇等）所发育粗细不均的沉积物则很少发育含油气情况较好的储层。这些因素影响着早期成岩作用，从而影响砂岩原始物性的好坏。

通过对沉积相的分析，可知陕北地区长9期发育湖泊—三角洲沉积体系，沉积作用主要受河流作用控制，发育水下分流河道、分流间湾及浅湖等沉积微相。

水下分流河道微相中河道砂体发育，构成主要的储集体。对沉积微相及其相关因素与物性作对比（表9－1），其中，长9₁储层砂体的平均砂地比为22.5%，而长9₂储层砂体的平均砂地比为30.1%。受物源区和沉积微相的影响，陕北地区储层砂岩成分成熟度低，长9₁储层砂体石英含量平均为33.6%，高于长9₂储层中石英的含量（平均为29.9%）；长9₁段分选以中等为主，占砂岩样品的71.7%，长9₂段分选以中等为主，占砂岩样品的66.2%；长9₁段磨圆度主要为次棱角状，占砂岩样品的72.6%，长9₂段磨圆度主要为次棱角状，占砂岩样品的74.0%。相比较，长9₁储层砂岩的成分成熟度和结构成熟度皆优于长9₂段，而长9₁储层物性也优于长9₂储层。

表9－1　陕北地区长9储层沉积微相及其相关因素与物性特征对比表

特征 层位	沉积微相	储层砂体类别	平均砂地比值	成分成熟度	结构成熟度	物性特征
长9₁段	水下分流河道、分流间湾、浅湖	水下分流河道砂体	22.5%	石英平均含量为33.6%，成分成熟度低	分选以中等为主，占71.7%，磨圆以次棱状为主，占72.6%	平均孔隙度：8.18%；平均渗透率：0.33×10⁻³μm²；相对高孔低渗
长9₂段	水下分流河道、分流间湾、浅湖	水下分流河道砂体	30.1%	石英平均含量为29.9%，成分成熟度低	中等分选占66.2%，磨圆以次棱状为主，占74.0%	平均孔隙度：5.12%；平均渗透率：0.25×10⁻³μm²；相对低孔低渗

另外，不同物源和沉积环境作用下造成发育的砂岩粒度不同，也是影响储层物性的主要因素之一。对陕北地区统计砂岩平均粒径值与物性关系进行分析（图9－1），可以看出，陕北地区长9储层物性随平均粒径值的增大而增大，物性与

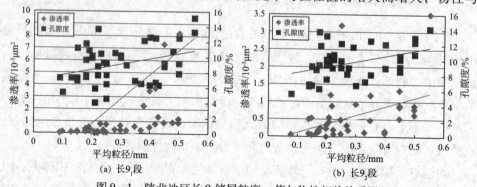

图9－1　陕北地区长9储层粒度 φ 值与物性相关关系图

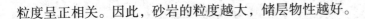

粒度呈正相关。因此，砂岩的粒度越大，储层物性越好。

2. 成岩作用对储层物性的影响

成岩作用决定成岩相的类型，通过控制孔隙发育影响储层的储集性能。从前面章节中可知，陕北地区主要发育的成岩作用类型有：压实压溶作用、胶结作用、交代作用和溶蚀作用。因此，本小节从这些方面分析成岩相、成岩作用对储层物性的影响。

1）压实压溶作用

其中压实作用是导致陕北地区砂岩原始孔隙丧失的主要原因。主要体现在砂岩中塑性碎屑被挤压变形，充填于孔隙间，造成原生孔隙损失、渗透率下降。通过塑性碎屑含量来反映受压实程度。统计陕北地区长9砂岩所发育的主要塑性碎屑，主要有片岩、千枚岩、泥质岩及云母。作与物性相关关系图（图9-2），发现塑性岩屑含量和砂岩孔隙度及渗透率之间表现出负相关关系，且与孔隙度的负相关性更为明显，这是因为压实作用直接造成储层孔隙的损失。另外，由于石英颗粒作为碎屑颗粒中的硬性颗粒，起到一定的抗压实能力，因此，通过统计陕北地区所发育的碎屑石英颗粒的含量，作与物性相关性图（图9-3），发现石英颗粒含量和砂岩孔隙度之间表现出明显的正相关，且与孔隙度的正相关性更为明显，与渗透率总体上呈正相关，但不明显。说明压实作用和抗压实能力通过影响孔隙的发育，主要对储层孔隙度造成直接影响，对渗透率的影响程度有限。

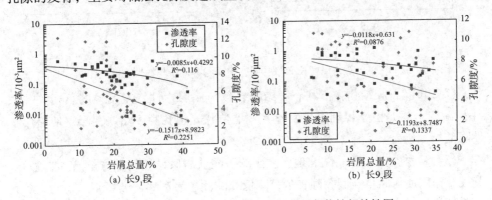

图9-2　陕北地区长9储层塑性岩性含量与物性相关性图

2）胶结、交代作用

陕北地区主要发育各种黏土矿物胶结、碳酸盐胶结和硅质胶结。这些胶结物部分以交代作用的形式胶结交代其他矿物，不同的胶结物对储层的物性产生的影

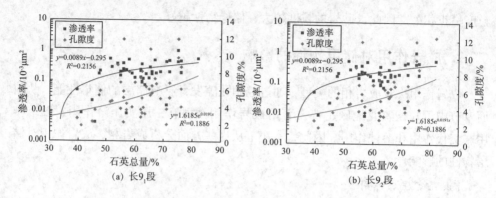

图 9-3　陕北地区长 9 储层碎屑石英颗粒含量与物性相关性图

响不同。对不同的胶结物作与物性相关性作对比图，分析其影响作用。

（1）薄膜环边状绿泥石胶结物：统计砂岩中发育的环边状薄膜状绿泥石胶结物的含量，通过其与储层物性关系图（图 9-4）中可见，其与孔隙度、渗透率皆呈正相关。薄膜状绿泥石发育于颗粒边缘，可以阻碍石英次生加大的发育，使粒间孔隙得以更好地保存。

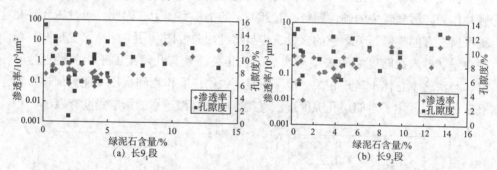

图 9-4　陕北地区长 9 储层环边状绿泥石含量与物性相关性图

（2）伊利石胶结物：伊利石胶结物含量与储层物性皆呈明显的负相关关系（图 9-5）。这是由于伊利石呈发丝状、毛毡状充填孔隙，堵塞孔喉，使储层物性降低。

（3）碳酸盐胶结物：陕北地区主要的碳酸盐岩胶结物为铁方解石和方解石，其胶结作用使得原生粒间孔隙丧失，降低孔隙度、渗透率，破坏储层物性。从其与物性相关关系图（图 9-6）中可以看出，长 9 储层碳酸盐胶结物含量与储层孔隙度、渗透率皆呈明显的负相关关系，且发育较高含量碳酸盐胶结物的储层孔隙度接近或低于 2%，渗透率接近或低于 $0.01 \times 10^{-3} \mu m^2$。

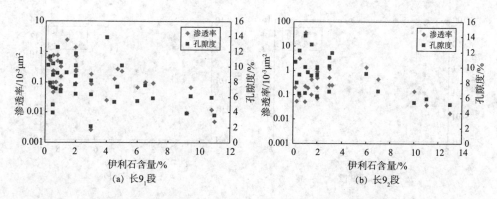

图 9-5　陕北地区长 9 储层伊利石胶结物与物性相关性图

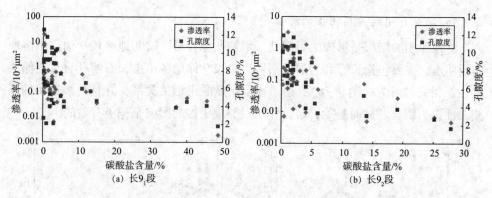

图 9-6　陕北地区长 9 储层碳酸盐胶结物含量与物性相关性图

（4）硅质胶结物：硅质胶结物的含量包括石英次生加大边及充填于孔隙中的自生石英颗粒的含量。从硅质含量与储层物性相关关系图（图 9-7）中可见，对于长 9_1 储层而言，硅质胶结物含量小于 1.6% 时，两者呈正相关关系，但含量超过 1.6% 时，两者呈负相关关系；对于长 9_2 储层而言，硅质胶结物含量小于 1.6% 时，两者呈正相关关系，但含量超过 1.6% 时，两者呈负相关关系，说明陕北地区硅质含量对储层物性的建设性影响较高。硅质胶结物对储集层的影响具有双重性：较早形成的以及少量的石英次生加大可以提高抗压实作用，对储集空间的破坏能力有限，一定程度内还可以提高储层物性。一旦硅质含量增多，大量堵塞孔隙喉道，则会严重破坏砂岩的储集性。

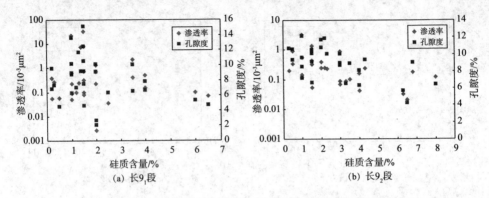

图9-7 陕北地区长9储层硅质含量与物性相关性图

3）溶蚀作用对储层物性的影响

溶蚀作用的结果是形成大量溶孔，增加孔隙含量。陕北地区长9油层组溶蚀作用明显，主要包括长石和岩屑的溶解。对长9储层各小层长石溶孔含量与储层物性作相关关系图（图9-8），显示皆呈明显的正相关关系，并且与渗透率的正相关性更为明显。显而易见，溶蚀作用对储层物性的影响是积极有益的。

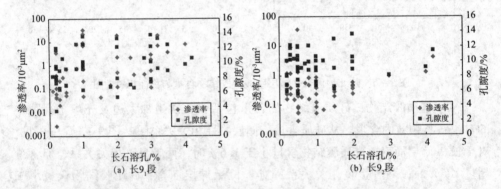

图9-8 陕北地区长9储层长石溶孔含量与物性相关性图

3. 孔隙结构特征对储层物性的影响

储层微观孔隙结构特征直接影响储层中流体的渗流能力，会对储层物性产生影响，且主要表现在渗透率的影响方面。考虑样品数量原因，通过常规高压压汞所得孔喉大小参数、分选性参数及孔喉连通情况参数等3类参数来表征储层微观孔隙结构特征。

1）孔喉大小参数

表征孔喉大小的参数主要有排驱压力、中值压力、中值半径及均值系数。分别统计这些参数与渗透率之间的相关性关系（图9-9），发现中值半径、均值系数越大，排驱压力、中值压力越低，即孔喉越大，对应的砂岩渗透率越高，储层中流体的渗流能力越强。但其中最明显的还是排驱压力的影响性，由于排驱压力反映的是大孔喉的发育情况，所以大孔喉的发育对储层物性影响更为明显。

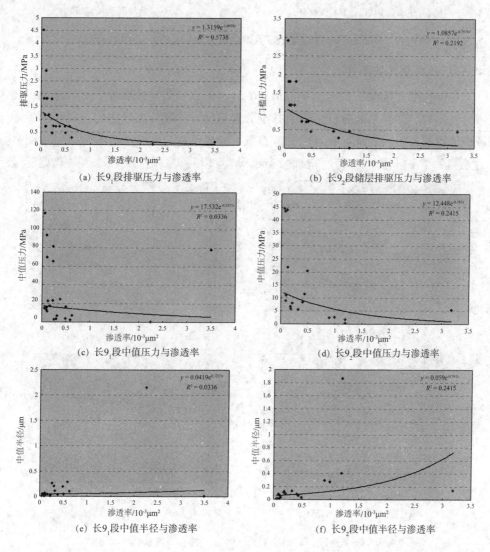

图9-9 陕北地区长9储层表征孔喉大小参数与渗透率相关性图

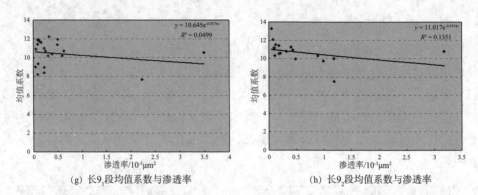

(g) 长9₁段均值系数与渗透率 　　　　(h) 长9₂段均值系数与渗透率

图9-9　陕北地区长9储层表征孔喉大小参数与渗透率相关性图（续）

2）孔喉分选性参数

表征孔喉分选性的参数主要包括孔喉分选系数、变异系数等。一般来说，孔喉分选系数、变异系数越低，表明孔喉分选越好、孔喉分布越均匀，砂岩的渗透性应该越好。但陕北地区孔喉的分选系数、变异系数与储层渗透率分别呈不明显的正相关关系（图9-10），前面章节已分析过相关原因：陕北地区属典型的低

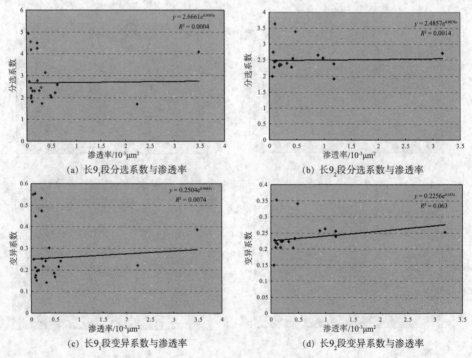

(a) 长9₁段分选系数与渗透率　　　　　(b) 长9₂段分选系数与渗透率

(c) 长9₁段变异系数与渗透率　　　　　(d) 长9₂段变异系数与渗透率

图9-10　陕北地区长9储层表征孔喉分选性参数与渗透率相关性图

孔低渗储层，大量分布的小喉道严重制约了储层孔喉的分选系数，小喉道占据了绝大多数位置，因此，当储层孔喉分选系数、变异系数越高的时候，表明孔喉分选越差，大喉道出现的频率就会越高，从而影响孔喉分选性与储层的渗透性的相关关系。

3）孔喉连通性对储层物性的影响

主要通过最大进汞饱和度和退汞效率两方面来分析孔喉连通性对储层物性的影响。分别绘制最大进汞饱和度和退汞效率对渗透率的相关关系图（图9-11），发现最大进汞饱和度、退汞效率越高，孔喉的连通性越好，砂岩的渗透率越高。

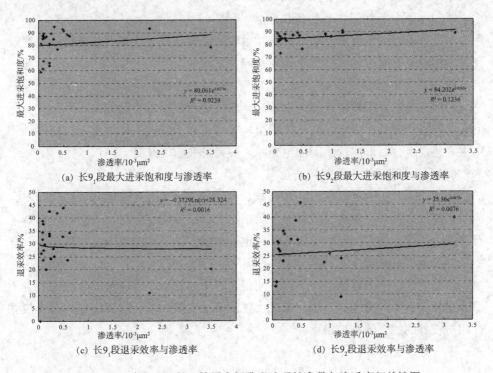

图9-11　陕北地区长9储层表征孔喉连通性参数与渗透率相关性图

4. 低渗透储层形成机理

总结上述主要影响因素，认为造成陕北地区长9油层组发育低渗透储层的主要原因有粒度、压实作用和胶结作用。

粒度：陕北地区长9层位发育三角洲前缘与浅湖相沉积，粒度整体偏低，长9储层粒度以细砂岩为主。

压实作用：压实作用作为一种破坏性成岩作用，致使塑性碎屑挤压、变形、充填孔隙，严重影响了储层的储集和渗流能力。

胶结作用：陕北地区储层发育大量的硅质、伊利石、方解石、浊沸石等填隙物并充填于孔隙中，大大降低了储层物性。

5. 相对高渗储层形成机理

在低渗透背景下寻找相对高渗储层发育位置是储层研究的主要目的之一。通过上述分析，总结相对高渗储层形成机理有：

（1）水下分流河道主砂带提供储集基础。

水下分流河道主河道水动力能量相对较高，岩石成分成熟度和结构成熟度较高，为相对高渗储层的形成提供储集基础。

（2）粒度是重要因素。

局部区域发育中砂岩或细—中砂岩，粒度较粗，抗压实能力强，原始孔隙保留相对较好；再者，由于粒间孔隙保留较多，有利于酸性流体的进入，使溶蚀作用更好地发生，而形成较多的次生孔隙，使得总孔隙度升高。

（3）部分胶结作用保留粒间孔是关键。

从前面的分析中可以发现，环边状、薄膜状绿泥石胶结物发育较好的储层，粒间孔都较为发育，而薄膜状绿泥石胶结物和石英等刚性颗粒物质的存在抑制了石英进一步次生加大，原始粒间孔保留也就越多，储层孔隙结构也就越好。

（4）溶蚀作用是主控因素。

陕北地区发生明显的溶蚀作用，使得砂岩中的长石、岩屑及部分浊沸石等不稳定组分发生不同程度的溶解，形成大量的溶蚀孔隙，使孔隙度增加，是形成物性相对较好的储层的主控因素。

第二节　储层综合评价

1. 储层分类及特征

储层综合分类与评价是对储层特征综合研究的总结归纳。在对陕北地区长 9 油层组进行储层综合分类评价时，主要根据其自身储层发育的特点，兼顾储层的物性和砂体展布情况，结合成岩作用、孔隙结构特征等条件，针对长 9 油层组的储集层特性，建立出适用于陕北地区长9油层组储层的分类评价标准（表9-2），将陕北地区储层划分为Ⅰ~Ⅳ类4个类别（图9-12、图9-13），各类储层的主要特点如下所述。

表9-2 鄂尔多斯盆地陕北地区长9储层综合分类评价表

类别 参数		Ⅰ	Ⅱ	Ⅲ	Ⅳ
主要岩性及填隙物		中、细粒岩屑长石砂岩、长石砂岩，填隙物含量相对低，主要为薄膜状绿泥石	细粒岩屑长石砂岩、长石砂岩，填隙物含量中等偏低，以硅质为主	细粒长石岩屑砂岩，填隙物含量较高，以泥质、钙质为主	细粒长石岩屑砂岩，填隙物含量高，黏土矿物、钙质含量均高
孔隙类型		残余粒间孔、溶孔	粒间孔—溶孔	溶孔—微孔	微孔、致密
成岩相类型		绿泥石膜—残余粒间孔相、不稳定组分溶蚀相	不稳定组分溶蚀相、绿泥石膜—残余粒间孔相、浊沸石胶结相	硅质胶结微孔相、浊沸石胶结相、不稳定组分溶蚀相	钙质胶结交代致密相、压实致密相
物性	孔隙度/%	>12	9~12	7~10	<8
	渗透率/10⁻³μm²	>0.9	0.4~0.9	0.2~0.6	<0.3
孔隙结构参数	排驱压力/MPa	<0.3	0.5~1	1~1.5	>1.5
	中值半径/μm	>0.3	0.2~0.4	0.1~0.2	<0.1
	退汞效率/%	>30	28~30	25~28	<25
	歪度	粗歪度	略粗歪度	略细歪度	细歪度
	分选	好	中等	中等偏差	差
毛管压力曲线类型		Ⅰ型	Ⅰ、Ⅱ型	Ⅱ、Ⅲ、Ⅳ型	Ⅲ、Ⅳ型
可动流体饱和度		Ⅱ类	Ⅱ、Ⅲ类	Ⅲ、Ⅳ类	Ⅳ、Ⅴ类
综合评价		好	较好	较差	差

Ⅰ类储层：岩石为中—粗粒岩屑长石砂岩、（含砾）粗粒岩屑长石砂岩等，填隙物含量低，主要为绿泥石膜与浊沸石，孔隙类型以残余粒间孔、溶孔型为主。孔隙度一般大于12%，渗透率大于0.9×10⁻³μm²。孔喉较大，分选程度较高。毛管压力曲线以Ⅰ类为主。可动流体饱和度以Ⅱ类为主。这类储层不仅孔、渗较高，且砂体厚度大，非均质性弱。储层综合评价好，是优质储层。

Ⅱ类储层：岩石为中—细粒岩屑长石砂岩，填隙物含量中等偏低，以硅质为主。主要发育粒间孔—溶孔等。孔隙度一般分布于 9% ~ 12%，渗透率一般分布于 $(0.4 ~ 0.9) \times 10^{-3} \mu m^2$。孔喉分选程度中等。毛管压力曲线特征以 I、II 型为主。可动流体饱和度为 II、III 类。这类储层孔、渗较高，砂体厚度较大，非均质性弱，是相对较好的储层。

III 类储层：岩石主要为细粒长石岩屑砂岩，填隙物含量较高，以泥质、钙质为主。主要发育溶孔、微孔。孔隙度一般分布于 7% ~ 10%，渗透率一般分布于 $(0.2 ~ 0.6) \times 10^{-3} \mu m^2$。孔喉分选性中等偏差。毛管压力曲线以 II、III、IV 型为主。可动流体饱和度以 III、IV 类为主。这类储层孔、渗较低，砂体厚度较小，非均质性较强，是较差储层。

IV 类储层：岩石为含泥细粒岩屑砂岩，填隙物含量高，泥质、钙质、泥铁质含量均高，主要发育微孔或者孔隙不发育。孔隙度一般小于 8%，渗透率一般小于 $0.3 \times 10^{-3} \mu m^2$。孔喉分选差，毛管压力曲线类型多为 III、IV 型。可动流体饱和度以 IV、V 类为主。这类储层孔、渗低，砂体厚度薄，非均质性强烈，是差储层。

2. 各类储层平面展布特征

1）陕北地区长 9_1 段储层分类展布特征

I 类储层分布面积较小，呈零星土豆状分布在水下分流河道主砂带中心位置或河道交汇处，仅在陕北地区西北部安边一带新 22 井、中部镰刀湾一带新 80 井、西部吴仓堡一带新 255 井以及新 312 井区域有所发育。II 类储层分布范围有所扩大，在陕北地区西南部小范围地区和西部、西北部大范围皆有发育，主要分布于水下分流河道主砂体且厚度较厚的位置，沿河道方向呈条带状展布。III 类储层发育面积最大，在陕北地区大部分地区皆有发育，沿水下分流河道呈北东—南西向条带状大面积展布。IV 类储层储集性能极差，主要分布于席状砂及水下分流河道侧翼沉积微相中，分布面积较小（图 9 – 12）。

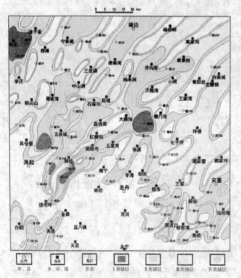

图 9 – 12　陕北地区长 9_1 储层综合评价图

2) 陕北地区长 9_2 段储层分类展布特征

I 类储层分布十分有限,仅在陕北地区西南部白豹、吴堡一带水下分流河道砂带中心位置有小面积发育。II 类储层分布范围有所扩大,但较长 9_1 段面积减小。主要呈带状发育在中部水下分流河道砂带中心及河道交汇处,另外在西北部、东南部及西南部有零星发育。III 类储层仍为发育最广泛的类型,在陕北地区大部分地区皆有发育,分布于水下分流河道、席状砂沉积微相中。IV 类储层面积较长 9_1 段有所扩大,主要分布于水下分流河道侧翼及席状砂沉积微相中(图 9 – 13)。

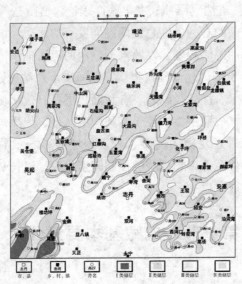

图 9 – 13 陕北地区长 9_2 储层综合评价图

第十章　油藏特征及控制因素

通过对国内外油田勘探开发实践总结，我国学者提出了"带控论""源控论""相控论"等低渗透油气藏油气富集规律理论。贾承造等（2007）认为陆相坳陷型湖盆大面积成藏的有利条件是：湖侵期发育的优质烃源岩与三角洲前缘水下分流河道之间良好的源储配置，以及水下分流河道所提供的岩性圈闭条件；邹才能等（2007）在分析国内外油气富集规律的基础上总结出大油气区形成的必备要素包括有利构造背景、优质烃源岩、有利储集层及有效区域性盖层。总结这些理论，可见低渗透油气成藏主要受控于有利构造区带、优质烃源岩、有利储集相带等因素的影响，另外还受圈闭类型、有效盖层的影响。本章主要从烃源岩条件、圈闭类型及输导体系等影响成藏的控制因素出发，对长 9 油层组成藏控制因素进行分析，总结其成藏模式。

第一节　成藏基本要素分析

1. 烃源岩特征

1）烃源岩分布特征

鄂尔多斯盆地中生界生油岩系主要为三叠系延长组湖泛期泥岩、油页岩，分布于盆地南部 $10 \times 10^4 km^2$ 的范围内，主要生油层为长 7 烃源岩，目前热演化程度已达到生油高峰阶段（李元昊，2008）；次要生油层为长 9 烃源岩，长 9 黑色泥页岩分布范围相对长 7 而言较为局限，主要分布在志丹、富县、黄龙等地区局部凹陷形成的半深湖环境，厚度大于 8m 的烃源岩面积约 $1 \times 10^4 km^2$（张文正，2007）。志丹—安塞南区长 9_1 顶部发育一套优质烃源岩，其有机碳含量为 1.53% ~ 8.64%、残留沥青"A"为 0.78% ~ 1.30%、烃含量为 0.3% ~ 0.6%，最大生烃强度约为 $0.9 \times 10^6 t/km^2$，总生烃量约为 $28.1 \times 10^8 t$，总排烃量约为 $9.3 \times 10^8 t$，显示出良好的生排烃能力（张文正，2008）。

在岩心观察过程中也发现了长 9 顶部发育的一套灰黑色、黑色泥岩（图 10 - 1）。该套泥岩测井曲线特征表现为高伽马值，一般大于 130API（图 10 - 2）。并对该套泥岩在陕北地区不同区域发育厚度及伽马值进行对比（表 10 - 1），发现西部吴起一带长 7 烃源岩的厚度大于 20m，长 9 烃源岩较薄；而在东部志丹一带长 7 烃源岩厚度减薄至 5 ~ 8m，伽马值也有所降低，长 9 烃源岩厚度可达 20m 左右，伽马值一般大于 130API。

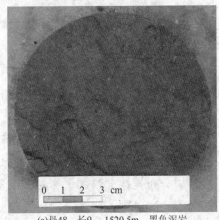
(a)丹48，长9₁，1520.5m，黑色泥岩

(b)王525，长9₁，1591.1m，黑色泥岩

图 10 - 1 陕北地区长 9 油层组顶部黑色泥岩

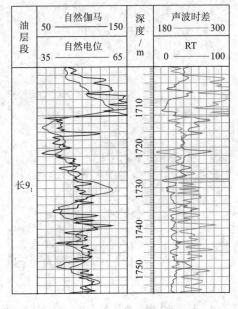

图 10 - 2 高 75 井长 9 顶部泥岩测井响应特征

表 10 – 1　陕北地区长 7、长 9 烃源岩统计表

井名 （西部）	长 7		长 9_1		井名 （东部）	长 7		长 9_1	
	最大伽马值/ API	厚度/ m	最大伽马值/ API	厚度/ m		最大伽马值/ API	厚度/ m	最大伽马值/ API	厚度/ m
吴 501	200	28	180	8	丹 43	120	5	140	18
吴 502	200	26	180	9	丹 45	140	6	180	20
高 20	200	24	180	8	丹 46	120	6	150	16
高 40	210	16	185	10	丹 48	140	6	150	18
高 58	210	24	185	9	丹 49	120	8	110	16
高 59	200	28	150	10	桥 6	100	8	140	10
高 80	210	24	180	9	桥 17	150	7	180	14
高 201	210	26	190	9	王 522	110	7	150	12

通过对陕北地区 200 余口钻遇长 9 油层组顶部暗色泥岩的井进行统计，且结合前人在鄂尔多斯盆地整盆做的长 9 油层组烃源岩分布规律，绘制了鄂尔多斯盆地陕北地区长 9 烃源岩厚度等值线图（图 10 – 3），并绘制了东西向和南北向两条长 9 顶部泥岩对比剖面图（图 10 – 4、图 10 – 5）。从图中可以看出陕北地区长 9_1 顶部优质烃源岩主要分布在吴起—志丹—安塞一带，且在志丹东南部丹 48 井区域最厚，可达 20m 左右。

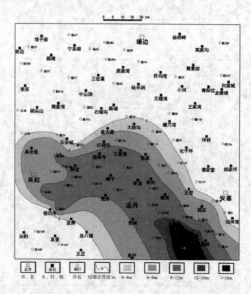

图 10 – 3　陕北地区延长组长 9 烃源岩厚度图

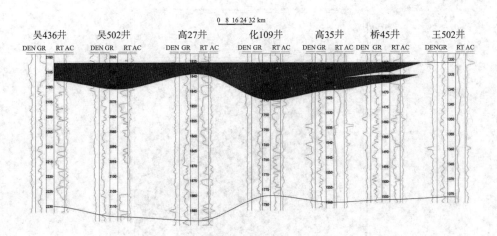

图 10-4 吴 436 井—王 502 井长 9$_1$ 高伽马泥岩对比剖面图

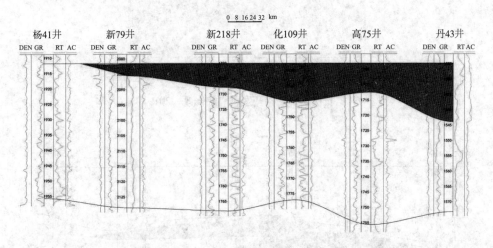

图 10-5 杨 41 井—丹 43 井长 9$_1$ 高伽马泥岩对比剖面图

根据所收集资料，大范围分布的延长组长 7 湖相优质烃源岩是鄂尔多斯盆地主力油源岩。陕北地区整体处于长 7 烃源岩展布控制范围之内（图 10-6）。长 7 优质烃源岩主要发育在陕北地区西南地区，向志丹至安塞方向厚度减薄（图 10-7、图 10-8）。

2）油源对比

目前所用的油源对比方法主要是正构烷烃碳数分布特征分析、生物标志物组成特征分析和稳定碳同位素组成分析。由于原油与源岩中的化合物特征不会完全一致，变化程度较大，所以在进行比对时，必须将各项指标加以综合对比。研究

151

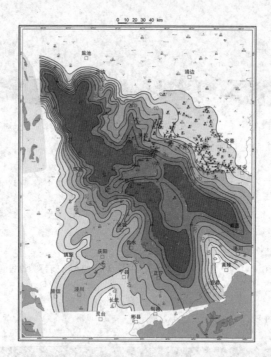

图 10 – 6 鄂尔多斯盆地延长组长 7 烃源岩厚度图
（据长庆油田勘探开发研究院修改，2010）

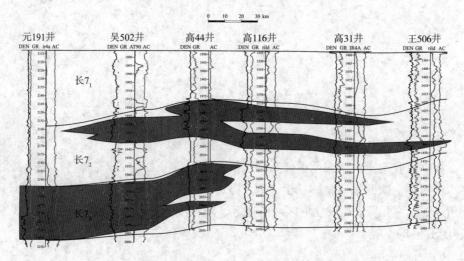

图 10 – 7 元 191 井—王 506 井长 7 高伽马泥岩对比剖面图

中所用参数越多，对比结果就越可靠。与此同时，油源的判断研究还必须从有机质成烃演化和油气形成的整个成因体系来考虑，只有在油源对比研究中充分考虑

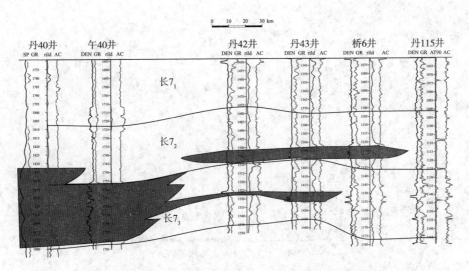

图 10 - 8　丹 40 井—丹 115 井长 7 高伽马泥岩对比剖面图

到古环境、成熟度和运移作用，甚至生物降解作用的影响，才能辩证地认识原油与源岩之间的成因联系。目前，陕北地区发育两套延长组主要的烃源岩：长 7 张家滩页岩及长 9 顶部李家畔页岩，因此需要弄清楚原油与源岩之间的控制关系。

17 （H） - C_{30} 重排藿烷（C_{30}^*）是 D 环上带有功能团的藿烷类经重排作用形成的，D 环只有在经历了氧化作用并处于酸性介质环境和黏土矿物催化作用下，细菌藿烷类先质才易于发生重排而形成 C_{30}，因而，烃源岩和原油中 C_{30}^* 的相对丰度具有重要的指相意义。因此，可以利用这一特点进行油—岩对比，并结合地质分析厘定油—源关系。根据所收集资料可以发现，长 9_1 黑色泥页岩与长 7 油页岩的生物标志化合物分布特征具有明显的差异，即长 9_1 黑色泥页岩以重排藿烷丰富、重排甾烷含量较高和正常藿烷含量较低为特征 ［图 10 - 9 （a）、（b）］，与长 7 油页岩明显不同，长 7 烃源岩以高 C_{30} 藿烷、低重排藿烷、低重排甾烷为特征。反映了油页岩形成于盐度较低的沉积环境。藿烷、甾烷异构化参数都表明长 7 段优质烃源岩岩经历了较高的成熟作用。

通过对志丹地区长 9 原油与姬塬地区长 9 原油的生物标志化合物对比可以发现，志丹地区长 9 原油具有具异常高 C_{30} 重排藿烷（C_{30}^*）的特征（图 10 - 10），这与长 9 黑色泥页岩的特征一致；而姬塬地区长 9 原油具有高 C_{30} 藿烷的特征，这与长 7 烃源岩的特征一致。

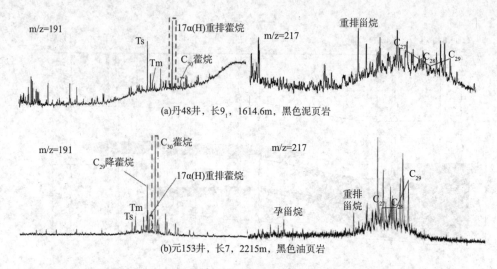

(a)丹48井，长9₁，1614.6m，黑色泥页岩

(b)元153井，长7，2215m，黑色油页岩

图10-9　延长组长7与长9烃源岩甾、萜烷质量色谱图对比（据长庆油田，2012）

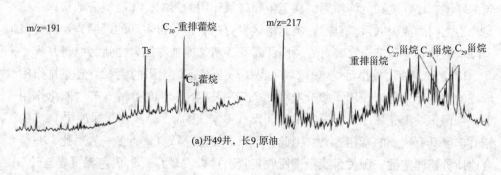

(a)丹49井，长9原油

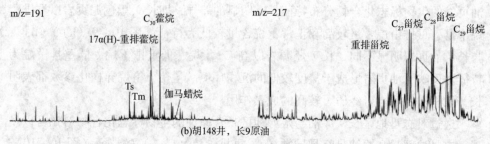

(b)胡148井，长9原油

图10-10　陕北地区不同地区延长组原油的甾、萜类生物标志化合物谱图（据长庆油田，2012）

　　通过以上对烃源岩的分布特征及油源对比综合分析，认为陕北地区长9油层组的原油来源既有长7烃源岩又有长9烃源岩。其中陕北地区东南部为长9烃源岩的单一供源区域，西部为长7和长9烃源岩叠加发育区域，为混源区，其余地区长9烃源岩不发育，为长7单一供源区。因此，长9烃源岩的主要有效供源范

围为东南部志丹一带，其他地区主要受长 7 烃源岩的影响。

2. 疏导体系

输导体系是烃源岩油气形成后能否运移成藏的关键环节之一。它通常由孔、缝构成，形成立体交错的输导体。普遍认为输导体系主要由 3 种类型的输导体构成，包括孔隙型砂体、不整合和裂缝（或断裂）。陕北地区主要发育裂缝和孔隙型砂体两种输导体类型。

1）裂缝输导体

通过对鄂尔多斯盆地构造沉积演化分析可知，鄂尔多斯盆地在不同构造期整体抬升下降，主体构造发育不明显，地势较为平缓。但据相关研究，赵文智等（2003）认为鄂尔多斯盆地基底断裂作用明显，使得上覆沉积层发生断裂构造；另外，邸领军等（2003）认为鄂尔多斯盆地发育水平剪切、伸展和走滑形式等新构造活动，因此产生的裂缝系统广泛发育，认为其也是形成低渗透背景下相对高渗储层发育的原因之一。因此，裂缝系统的发育对鄂尔多斯盆地低渗透砂岩储层油气富集成藏具有重要意义。其重要性引起众学者的关注研究。其中，张泓等对中新生代不同地质演化时期盆地所发育的应力场特征进行了研究、归纳、总结（图 10 - 11），认为印支期盆地处于挤压的应力环境下，最大的主应力沿 NS 方向 [图 10 - 11（a）]；燕山构造期盆地处于以挤压为主的环境下，最大主应力沿 NW—SE 方向 [图 10 - 11（b）]；喜山期盆地应力场发生变化，处于 NNW—SSE 的拉张环境下，最大主应力沿 NNE—SSW 方向 [图 10 - 11（c）]。

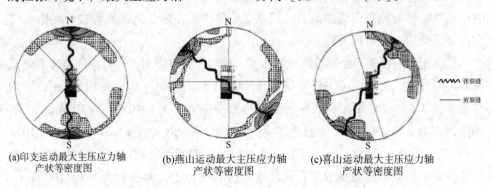

(a)印支运动最大主压应力轴产状等密度图　　(b)燕山运动最大主压应力轴产状等密度图　　(c)喜山运动最大主压应力轴产状等密度图

图 10 - 11　延长组不同方向、不同性质的裂缝与地应力的关系（据张泓，1995）

从岩心观察发现，陕北地区长9段内存在高角度裂缝和垂直裂缝，主要为被充填的N—S向张裂缝（图10－12）。这与印支期N—S向最大主压应力方向一致，说明该期裂缝主要形成于印支期。根据对延长组成藏期次的研究，已知三叠系油气运聚主要发生在晚侏罗—早白垩，说明裂缝形成于油气运聚期之前，可以为陕北地区长9油层组低渗透储层油气运聚提供运移通道。

(a)化114井，长9₁，1475.85m，
强烈充填的N—S向张裂缝

(b)新283井，长9₂，2255.7m，
弱充填高角度裂缝

图10－12　陕北地区长9段岩心观察裂缝特征

2）连通孔隙性砂岩输导体系

一般情况下，孔隙型输导体既是油气运移的通道，也有可能为油气的聚集提供空间，成为储层。二者之间的差异在于是否存在封堵条件。孔隙型输导体不同于断层等其他输导通道，它在发育上具有相对均一性。因此，其物性特征决定了它在油气输导和储集方面的能力。但该类输导体系在陕北地区发育较为局限，仅在西北部安边一带有所发育。

受沉积作用控制，经历了强烈的压实、胶结等成岩作用，陕北地区整体上为低孔低渗储层，长9₁渗透率主要分布在（0.1~0.3）~（1~10）×10⁻³μm²，平均渗透率为2.86×10⁻³μm²；长9₂渗透率主要分布在（0.1~0.3）×10⁻³μm²，平均渗透率为0.6×10⁻³μm²。西北部安边地区长9三角洲前缘砂体发育（图10－13），纵向上叠合厚度大，平面上连续性好，孔隙发育，粒度以中砂岩为主，粒间孔发育。根据物性数据显示，孔隙度可达10%以上，渗透率大于1×10⁻³μm²，局部可高达10.63×10⁻³μm²，表现出物性较好的特点。这种孔隙型输导体既是油气运移的通道，也有可能为油气的聚集提供空间，成为储层。

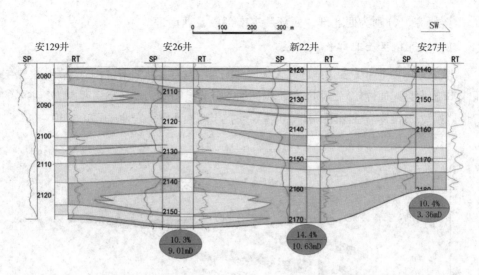

图 10 – 13　陕北地区西北部安 129 井—安 27 井长 9_1 砂体对比剖面图（椭圆内为物性数据）

3. 圈闭及油藏类型

鄂尔多斯盆地古生界延长组发育大型岩性油藏，主要赋存于盆地的腹部地区，构造稳定，地形平缓，断裂系统相对不发育。近十几年在盆地东北、西南、西北及湖盆中部的勘探均取得了显著的成果，充分展示了"满凹含油"的特征。陕北、安塞、西峰、姬塬、华庆等大型油田的可采储量丰度一般为（7 ~ 13）× 10^4t/km²，根据中华人民共和国地质矿产行业标准（DZ/T 0217—2005），主要属于大型的低丰度岩性油藏。

鄂尔多斯盆地中生界存在两套含油层系，分别以三叠系延长组和侏罗系延安组为主。侏罗系延安组储层条件相对较好，以低渗透和常规储层为主，发育地层圈闭型油藏和构造—地层圈闭油藏（郭正权等，2008）；延长组储层物性差，主要以特低渗透和超低渗透储层为主，局部地区和层段（长 4 +5 以上地层）发育相对高渗区。延长组中下部油藏的类型主要为岩性油藏，长 3、长 2 油层组发育构造—岩性油藏和岩性油藏。

中、晚三叠世延长组沉积期，鄂尔多斯湖盆地曾发生过多次湖侵、湖退和三角洲建设作用。而且在湖盆演化过程中，沉积中心有所迁移，造成不同演化阶段沉积中心的位置和范围有所差异，因此，延长组多套烃源岩与展布方向和规模不同的多套储层相互叠置，这样的沉积充填样式形成了成藏组合的多样性，不同区块具有不同的生、储、盖配置关系。可以将陕北地区划分为 4 个地区进行成藏组合类型研究，分别为西北部、西部、东南部以及西南部。

1）陕北地区西北部长9₁油藏

陕北地区西北部为安边地区，长9顶部泥岩不发育，原油来自长7烃源岩，储层砂体厚度大且连通性较好，物性好，纵向油水分异较明显，发育小幅度构造，主要的圈闭类型为透镜体岩性圈闭，油藏仍主要受控于岩性，发育岩性油藏（图10-14）。

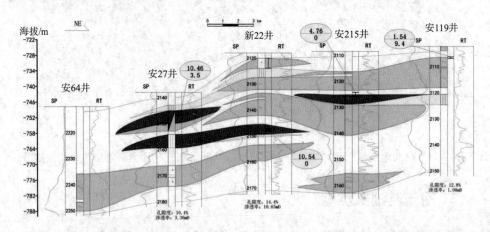

图10-14　陕北地区安64井—安119井长9₁油藏剖面图

2）陕北地区西部长9₁油藏

陕北地区西部薛岔一带长7、长9烃源岩叠合发育，长9油藏储层渗透率较低，主要受岩性控制，主要的圈闭类型为岩性尖灭型圈闭和透镜体岩性圈闭，发育岩性油藏（图10-15）。

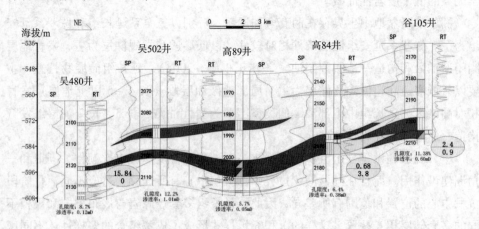

图10-15　陕北地区西部吴480井—谷105井长9₁油藏剖面图

3）陕北地区东南部长 9_1 油藏

陕北地区东南部长 9 烃源岩发育，属于自生自储式，长 9_1 油藏储层渗透率较低，主要的圈闭类型为岩性尖灭型圈闭，主要受岩性控制，发育岩性油藏（图 10－16）。

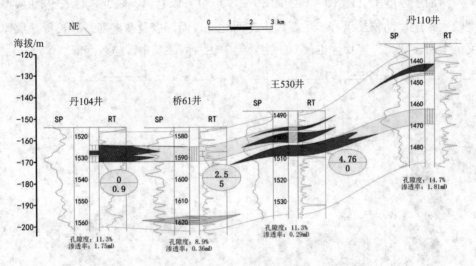

图 10－16　陕北地区丹 104 井—丹 110 井长 9_1 油藏剖面图

4）陕北地区西南部长 9_2 油藏

陕北地区西南部长 9 烃源岩不发育，油源来自长 7 烃源岩，属于上生下储式，长 9_2 油藏储层渗透率中等，主要的圈闭类型为岩性尖灭型圈闭，受岩性控制明显，发育岩性油藏（图 10－17）。

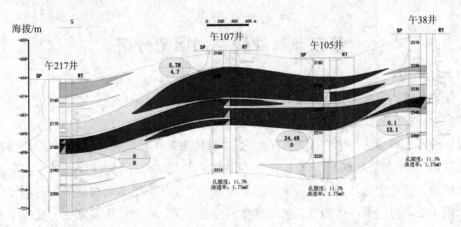

图 10－17　陕北地区午 217 井—午 38 井长 9_2 油藏剖面图

第二节　油藏富集规律

从油层厚度图（图 10 - 18、图 10 - 19）中可以看出，陕北地区长 9_1 油层厚度较大，连片性较长 9_2 好，主要集中在西北部、西部以及东南部；而长 9_2 油层厚度范围明显减少，连片性也较差，主要集中在西南部及中部与东南部。

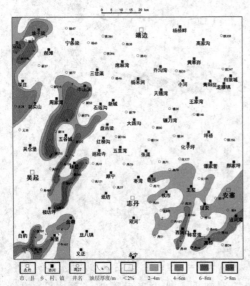

图 10 - 18　陕北地区长 9_1 油层厚度平面图　　图 10 - 19　陕北地区长 9_2 油层厚度平面图

第三节　油藏控制因素分析

超低渗透油气聚集、成藏和分布特征归根结底受盆地构造、地层、沉积相和沉积演化等区域地质特征决定。经历了半个多世纪大规模的油田勘探和开发后，我国的石油地质工作者在实践中总结了"源控沦"（吴欣松等，2001）、"带控沦"（胡见义等，1986）、"相控论"（邹才能等，2005）等超低渗透油气富集成藏理论，这此理论都不同程度地强调了烃源岩、油气聚集有利构造带、有利储集沉积相带等对超低渗透油气聚集和成藏的控制作用。陕北地区油藏主要受以下几个条件的控制。

1. 烃源岩控制油藏分布

烃源岩为形成油气藏提供物质基础。前人研究认为，鄂尔多斯盆地延长组长7期沉积的暗色泥岩是盆地主要的烃源岩，具有厚度大，分布广，有机质丰富，有机质类型好，成熟度高等特点（吴崇筠，1993）。长9顶部的烃源岩也具有一定的生烃潜力，具一定发育规模。两套烃源岩是陕北地区良好的生油岩系，为油气的形成提供了丰富的油源。目前已经发现的油藏均分布在有效烃源岩分布的范围内（图10-20、图10-21）。

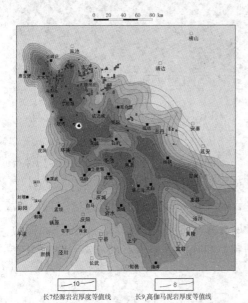

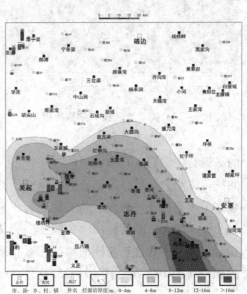

图 10-20 鄂尔多斯盆地长7烃源岩分布平面图（据长庆油田勘探开发研究院修改，2010）

图 10-21 陕北地区长9烃源岩分布与试油数据叠合图

2. 三角洲前缘砂体对成藏的控制

陕北地区长9储层主要为三角洲前缘水下分流河道砂体，可以为油气成藏提供储集空间。油层厚度大的区域多发育在三角洲前缘水下分流河道砂体厚度大处（图10-22、图10-23）。陕北地区长9储层主要为特低渗、超低渗致密储层，但三角洲前缘由于粒度相对较粗，粒间孔保存相对较好。而且填隙物中含有一定

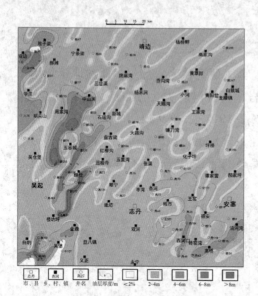 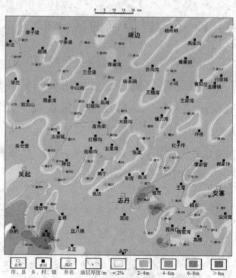

图 10 – 22　陕北地区长 9₁ 油层厚度与　　　图 10 – 23　陕北地区长 9₂ 油层厚度与
　　　　　　砂厚叠合图　　　　　　　　　　　　　　　　砂厚叠合图

的绿泥石，它们以孔隙衬里的方式产出，一方面增大了颗粒的直径，增强了岩石的抗压实能力，另一方面它有效阻止了石英次生加大，从而对储层原生粒间孔隙起到了重要的保护作用。陕北地区长 9 发育的三角洲前缘储层孔隙类型主要为粒间孔型、溶孔—粒间孔型。粒间孔型的储层孔隙连通性相对较好，孔隙渗流能力相对较强，因此，三角洲前缘绿泥石胶结和粒间孔成岩相为有利于高渗储层发育的相带（图 10 – 24、图 10 – 25）。

3. 长 9 成藏模式

　　通过系统分析陕北地区长 9 油层组所发育的储层特征、烃源岩、成藏圈闭类型及油气运移输导体系，总结长 9 油层组所发育油藏的成藏模式。鄂尔多斯盆地主要发育长 7 和长 9 两套烃源岩，其中长 7 烃源岩在陕北地区绝大部分区域有所发育，长 9 烃源岩主要发育在南部、东南部志丹一带。至早白垩世末期长 7、长 9 烃源岩热演化达到生烃高峰阶段，形成大量油气，大量的油气通过构造作用形成的压裂缝和受沉积微相、成岩作用控制形成的连通孔隙型砂岩输导体系等运聚成藏，受到长 9 油层组低渗透砂岩储层岩性圈闭的作用保存并发育成藏。

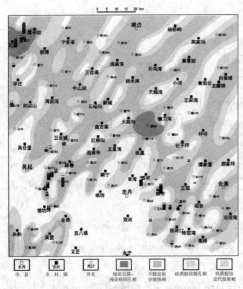

图 10-24 陕北地区长 9_1 成岩相与
试油叠合图

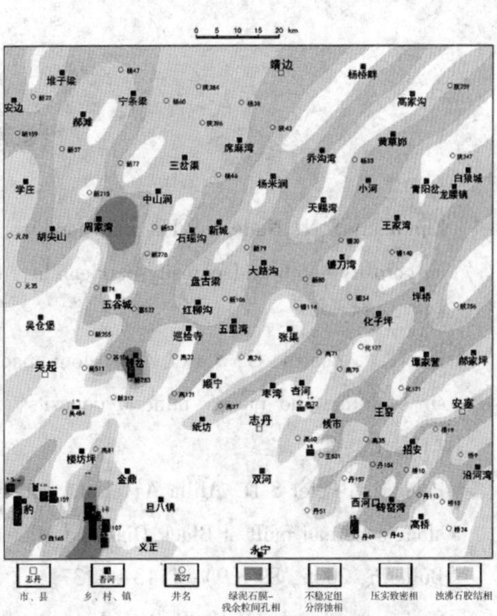

图 10-25 陕北地区长 9_2 成岩相与
试油叠合图

单从烃源岩供源角度来分析长 9 油藏成藏模式，陕北地区西部如周家湾、安边地区、楼坊坪一带，长 9 油层组原油主要来自于长 7 烃源岩，部分地区为混源贡献；在东南部地区志丹以南一带，长 9 油层组石油主要来自长 9 烃源岩；其余地区为长 7 烃源岩单一供源。从提供原油的烃源岩角度认为长 9 油藏主要发育两种成藏类型，即单向供源成藏和双向供源成藏。

从生储配置关系的角度，认为陕北地区长 9 油层组的成藏模式主要有上生下储式和自生自储式两种。油气既能远距离自长 7 烃源岩运输而来，又可以近距离自长 9 烃源岩运输而来。

从运移通道的角度来分析，认为长 9 油藏主要发育 3 种成藏类型：储层与烃源岩直接接触成藏；油气通过叠置砂体运聚成藏；油气通过构造裂缝运聚成藏。

对上述内容进行总结，建立陕北地区长 9 油层组发育油藏的成藏模式示意图（图 10-26），以直观明显地体现陕北地区长 9 油层组的油气成藏规律。

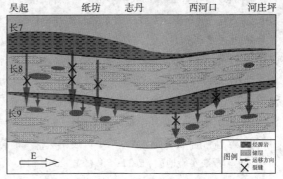

图 10-26 陕北地区延长组长 9 油层组成藏模式图

参考文献

[1] Ehrenberg S N, Nadeau P H. Sandstone vs. carbonate petroleum reservoirs: A global perspective on porosity-depth and porosity-permeability relationships [J]. AAPG Bulletin, 2005, 89 (4): 435 – 445.

[2] Liu C Y, Zhao H G, Sun Y Z. Tectonic background of Ordos Basin and its controlling role forbasin evolution and energy mineral deposits [J]. Energy Exploration & Exploitation. 2009, 27 (1): 15 – 27.

[3] Peter E. , Peter S D, Atilla A, et al. Structure, petrophysics, and diagenesis of shale entrained along a normal fault at Black Diamond Mines, California: Implications for fault sea [J]. AAPG Bulletin, 2005, 89 (9): 1113 – 1137.

[4] Salman K, Lander R H, Bonnell L. Anomalously high porosity and permeability in deeply buried sandstone reservoirs Origin and predictability [J]. AAPG Bulletin, 2002, 86 (2): 301 – 328.

[5] Taylor T R, Giles M R, Hathon L A, et al. Sandstone diagenesis and reservoir quality prediction: Models, myths, and reality [J]. AAPG Bulletin, 2010, 94 (8): 1093 – 1132.

[6] Worden R H, Burley S D. Sandstone diagenesis: the evolution of sand to stone [M] // Burley S D, Worden R H. Sandstone Diagenesis: Recent and Ancient. Reprint Series Volume 4 of the International Association of Sedimentologist. Oxford: Blackwell Science, 2003: 3 – 44.

[7] 蔡忠. 储集层孔隙结构与驱油效率关系研究 [J]. 石油勘探与开发, 2000, 27 (6): 45 – 49.

[8] 曹红霞. 鄂尔多斯盆地晚三叠世沉积中心迁移演化规律研究 [D]. 西安: 西北大学, 2008.

[9] 邓南涛, 张枝焕, 鲍志东, 等. 鄂尔多斯盆地南部延长组有效烃源岩地球化学特征及其识别标志 [J]. 中国石油大学学报 (自然科学版), 2013, 37 (2): 135 – 145.

[10] 邓秀芹. 鄂尔多斯盆地三叠系延长组超低渗透大型岩性油藏成藏机理研究 [D]. 西安: 西北大学, 2011.

[11] 邸领军, 张东阳, 王宏科. 鄂尔多斯盆地喜山期构造运动与油气成藏 [J]. 石油学报, 2003, 24 (2): 34 – 37.

[12] 高辉, 孙卫. 特低渗透砂岩储层可动流体变化特征与差异性成因——以鄂尔多斯盆地延长组为例 [J]. 地质学报, 2010, 84 (8): 1223 – 1230.

[13] 高辉, 解伟, 杨健鹏, 等. 基于恒速压汞技术的特低—超低渗透砂岩储层微观孔喉特征 [J]. 石油实验地质, 2011, 33 (2): 206 – 212.

[14] 高永利, 孙卫, 张昕. 鄂尔多斯盆地延长组特低渗透储层微观地质成因 [J]. 吉林大学学报 (地球科学版), 2013, 43 (1): 13 – 19.

[15] 郭艳琴, 李文厚, 陈全红, 等. 鄂尔多斯盆地安塞—富县地区延长组延安组原油地球化学

特征及油源对比［J］. 石油与天然气地质，2006，27（2）：218－224.

［16］郝乐伟，王琪，唐俊. 储层岩石微观孔隙结构研究方法与理论综述［J］. 岩性油气藏，2013，25（5）：123－128.

［17］何顺利，焦春艳，王建国，等. 恒速压汞与常规压汞的异同［J］. 断块油气田，2011，18（2）：235－237.

［18］胡作维，李云，黄思静，等. 砂岩储层中原生孔隙的破坏与保存机制研究进展［J］. 地球科学进展，2012，27（1）：14－25.

［19］黄思静，黄可可，冯文立，等. 成岩过程中长石、高岭石、伊利石之间的物质交换与次生孔隙的形成：来自鄂尔多斯盆地上古生界和川西凹陷三叠系须家河组的研究［J］. 地球化学，2009，38（5）：498－506.

［20］黄思静，刘洁，沈立成，等. 碎屑岩成岩过程中浊沸石形成条件的热力学解释［J］. 地质论评，2001，47（3）：301－308.

［21］黄思静，谢连文，张萌，等. 中国三叠系陆相砂岩中自生绿泥石的形成机制及其与储层孔隙保存的关系［J］. 成都理工大学学报：自然科学版，2004，31（3）：273－281.

［22］计秉玉. 国内外油田提高采收率技术进展与展望［J］. 石油与天然气地质，2012，33（1）：111－117.

［23］贾承造，赵文智，邹才能，等. 岩性地层油气藏地质理论与勘探技术［J］. 石油勘探与开发，2007，34（3）：257－272.

［24］焦养泉. 鄂尔多斯盆地西北部延长组下部沉积体系研究［R］. 长庆油田内部资料，2008.

［25］赖锦，王贵文，王书南，等. 碎屑岩储层成岩相研究现状及进展［J］. 地球科学进展，2013，28（1）：39－50.

［26］兰叶芳，黄思静，吕杰. 储层砂岩中自生绿泥石对孔隙结构的影响——来自鄂尔多斯盆地上三叠统延长组的研究结果［J］. 地质通报，2011，30（1）：135－140.

［27］李克永，李文厚，陈全红，等. 鄂尔多斯盆地镰刀湾地区延长组浊沸石分布与油藏关系［J］. 兰州大学学报（自然科学版），2010，46（6）：23－28.

［28］李卫成，张艳梅，王芳，等. 应用恒速压汞技术研究致密油储层微观孔喉特征：以鄂尔多斯盆地上三叠统延长组为例［J］. 岩性油气藏，2012，24（6）：60－65.

［29］李汶国，张晓鹏，钟玉梅. 长石砂岩次生溶孔的形成机理［J］. 石油与天然气地质，2005，26（2）：220－223.

［30］李文厚，庞军刚，曹红霞，等. 鄂尔多斯盆地晚三叠世延长期沉积体系及岩相古地理演化［J］. 西北大学学报（自然科学版），2009，39（3）：501－506.

［31］李相博，刘显阳，周世新，等. 鄂尔多斯盆地延长组下组合油气来源及成藏模式［J］. 石油勘探与开发，2012，39（2）：172－180.

［32］李忠，陈景山，关平. 含油气盆地成岩作用的科学问题及研究前沿［J］. 岩石学报，2006，22（8）：2113－2122.

［33］刘宝珺. 沉积成岩作用研究的若干问题［J］. 沉积学报，2009，27（5）：787－791.

［34］刘林玉，王震亮，高潮. 真实砂岩微观模型在鄂尔多斯盆地泾川地区长 8 砂岩微观非均质性研究中的应用 ［J］. 地学前缘，2008，15（1）：80 - 84.

［35］刘堂宴，王绍民，傅容珊，等. 核磁共振谱的岩石孔喉结构分析 ［J］. 石油地球物理勘探，2003，38（3）：328 - 336.

［36］刘震，赵阳，杜金虎，等. 陆相断陷盆地岩性油气藏形成与分布的"多元控油—主元成藏"特征 ［J］. 地质科学，2006，41（4）：612 - 635.

［37］柳广弟，杨伟伟，冯渊，等. 鄂尔多斯盆地陇东地区延长组原油地球化学特征及成因类型划分 ［J］. 地学前缘，2013，20（2）108 - 115.

［38］柳益群，李文厚. 陕甘宁盆地东部上三叠统含油长石砂岩的成岩特点及孔隙演化 ［J］. 沉积学报，1996，14（3）：87 - 96.

［39］马瑶，李文厚，欧阳征健，等. 鄂尔多斯盆地南梁西区长 6 油层组砂岩低孔超低渗储层特征及主控因素 ［J］. 地质通报，2013，32（9）：1471 - 1476.

［40］庞雄奇，李丕龙，陈冬霞，等. 陆相断陷盆地相控油气特征及其基本模式 ［J］. 古地理学报，2011，13（1）：55 - 74.

［41］蒲秀刚，黄志龙，周建生，等. 孔隙结构对碎屑储集岩物性控制作用的定量描述 ［J］. 西安石油大学学报：地球科学版，2006，21（2）：15 - 18.

［42］曲志浩，孔令荣. 低渗透油层微观水驱油特征 ［J］. 西北大学学报（自然科学版），2002，32（4）：329 - 334.

［43］时保宏，姚泾利，张艳，等. 鄂尔多斯盆地延长组长 9 油层组成藏地质条件 ［J］. 石油与天然气地质，2013，34（3）：294 - 300.

［44］寿建峰，张惠良，沈扬，等. 中国油气盆地砂岩储层的成岩压实机制分析 ［J］. 岩石学报，2006，22（8）：2165 - 2170.

［45］孙同文. 含油气盆地输导体系特征及其控藏作用研究 ［D］. 大庆：东北石油大学，2014.

［46］田建锋，陈振林，凡元芳，等. 砂岩中自生绿泥石的产状、形成机制及其分布规律 ［J］. 矿物岩石地球化学通报，2008，27（2）：200 - 205.

［47］王传远，段毅，车桂美，等. 鄂尔多斯盆地上三叠统延长组原油地球化学特征及油源分析 ［J］. 高校地质学报，2009，15（3）：380 - 386.

［48］王瑞飞，陈明强，孙卫. 鄂尔多斯盆地延长组超低渗透砂岩储层微观孔隙结构特征研究 ［J］. 地质评论，2008，54（2）：270 - 278.

［49］王为民，郭和坤，叶朝辉. 利用核磁共振可动流体评价低渗透油田开发潜力 ［J］. 石油学报，2001，22（6）：40 - 44 + 4 - 3.

［50］王香增，任来义，张丽霞，等. 鄂尔多斯盆地吴起—定边地区延长组下组合油源对比研究 ［J］. 石油实验地质，2013，35（4）：426 - 431.

［51］吴保祥，段毅，郑朝阳，等. 鄂尔多斯盆地古峰庄—王洼子地区长 9 油层组流体过剩压力与油气运移研究 ［J］. 地质学报，2008，82（6）：844 - 849.

［52］席胜利，李文厚，李荣西. 烃源岩生烃期次与油气成藏—以鄂尔多斯盆地西缘马家滩地区长 7 烃源岩为例［J］. 石油勘探与开发，2008，35（6）：657－663.

［53］肖亮，肖忠祥. 核磁共振测井 T2cutoff 确定方法及适用性分析［J］. 地球物理学进展，2008，23（1）：167－172.

［54］杨华，张文正. 论鄂尔多斯盆地长 7 段优质油源岩在低渗透油气成藏富集中的主导作用：地质地球化学特征［J］. 地球化学，2005，34（2）：147－154.

［55］杨华，钟大康，姚泾利，等. 鄂尔多斯盆地陇东地区延长组砂岩储层孔隙成因类型及其控制因素［J］. 地学前缘，2013，20（2）：69－76.

［56］杨晓萍，张宝民，雷振宇，等. 含油气盆地中浊沸石的形成与分布及其对油气勘探的意义［J］. 中国石油勘探，2006，33（2）：33－38＋71.

［57］姚泾利，王琪，张瑞，等. 鄂尔多斯盆地华庆地区延长组长 6 砂岩绿泥石膜的形成机理及其环境指示意义［J］. 沉积学报，2011，29（1）：72－79.

［58］应凤祥，何东博，龙玉梅，等. SY/T 5477—2003 碎屑岩成岩阶段划分［S］. 2003.

［59］喻建，杨孝，李斌，等. 致密油储层可动流体饱和度计算方法——以合水地区长 7 致密油储层为例［J］. 石油实验地质，2014，36（6）：767－772＋779.

［60］喻建，杨亚娟，杜金良. 鄂尔多斯盆地晚三叠世延长组湖侵期沉积特征［J］. 石油勘探与开发，2010，37（2）：181－187.

［61］曾联波，高春宇，漆家福，等. 鄂尔多斯盆地陇东地区特低渗透砂岩储层裂缝分布规律及其渗流作用［J］. 中国科学（D 辑：地球科学），2008，38（S1）：41－47.

［62］曾联波，漆家福，王永秀. 低渗透储层构造裂缝的成因类型及其形成地质条件［J］. 石油学报，2007，28（4）：52－56.

［63］张泓，白清昭，张笑薇，等. 鄂尔多斯聚煤盆地形成与演化［M］. 西安：陕西科学技术出版社，1995.

［64］张莉. 陕甘宁盆地储层裂缝特征及形成的构造应力场分析［J］. 地质科技情报，2003，22（2）：21－24.

［65］张文正，李剑峰. 鄂尔多斯盆地油气源研究［J］. 中国石油勘探，2001，6（4）：28－36.

［66］张文正，杨华，候林慧，等. 鄂尔多斯盆地延长组不同烃源岩 17a（H）－重排藿烷的分布及其地质意义［J］. 中国科学 D 辑：地球科学，2009，39（10）：1438－1435.

［67］张晓丽，段毅，何金先，等. 鄂尔多斯盆地华庆地区延长组下油层组原油地球化学特征及油源对比［J］. 天然气地球科学，2011，22（5）：866－873.

［68］张章，朱玉双，陈朝兵，等. 合水地区长 6 油层微观渗流特征及驱油效率影响因素研究［J］. 地学前缘，2012，19（2）：176－182.

［69］赵文智，胡素云，汪泽成，等. 鄂尔多斯盆地基底断裂在上三叠统延长组石油聚集中的控制作用［J］. 石油勘探与开发，2003，30（5）：1－5.

［70］赵彦德，罗安湘，孙柏年，等. 鄂尔多斯盆地西南缘三叠系烃源岩评价及油源对比［J］. 兰州大学学报（自然科学版），2012，48（3）：1－6＋13.

[71] 赵云翔，王建峰，丁熊，等. 鄂尔多斯盆地上三叠统长9油层组物源分析 [J]. 石油天然气学报，2014，34（4）：7-13.

[72] 郑荣才，牛小兵，梁晓伟，等. 鄂尔多斯盆地姬塬油田延长组原油性质与来源分析 [J]. 地球科学与环境学报，2011，33（2）：142-145+206.

[73] 周科平，李杰林，许玉娟，等. 基于核磁共振技术的岩石孔隙结构特征测定 [J]. 中南大学学报（自然科学版），2012，43（12）：4796-4800.

[74] 邹才能，陶士振. 大油气区的内涵、分类、形成和分布 [J]. 石油勘探与开发，2007，34（1）：5-12.

[75] 邹才能，陶士振，薛叔浩. "相控论"的内涵及其勘探意义 [J]. 石油勘探与开发，2005，32（6）：7-12.

[76] 朱静，朱亚军，辛红刚，等. 鄂尔多斯盆地延长组长9油层组沉积特征 [J]. 西北大学学报（自然科学版），2013，43（1）：93-100.

[77] 朱平，黄思静，李德敏，等. 黏土矿物绿泥石对碎屑储集岩孔隙的保护 [J]. 成都理工大学学报（自然科学版），2004，31（2）：153-156.

[78] 朱玉双，曲志浩，孔令荣，等. 安塞油田坪桥区、王窑区长6油层储层特征及驱油效率分析 [J]. 沉积学报，2000，18（2）：279-283.